菊艺赏析

吴海霞　张海珍　沈 笑 ——————主编

Appreciation of Chrysanthemum Art

长江出版传媒 Ⓚ 湖北科学技术出版社

图书在版编目（CIP）数据

菊艺赏析 / 吴海霞，张海珍，沈笑主编 . —武汉：湖北科学技术
出版社，2024.4
 ISBN 978-7-5706-3153-7

 Ⅰ．①菊…　Ⅱ．①吴…　②张…　③沈…　Ⅲ．①菊花—
观赏园艺—中国　Ⅳ．① S682.1

中国国家版本馆 CIP 数据核字（2024）第 052773 号

菊艺赏析
JUYI SHANGXI

责任编辑：胡　婷
责任校对：童桂清　　　　　　　　　　　　　　　封面设计：曾雅明

出版发行：湖北科学技术出版社
地　　址：武汉市雄楚大街 268 号（湖北出版文化城 B 座 13—14 层）
电　　话：027-87679468　　　　　　　　　　　邮　编：430070

印　　刷：武汉市华康印务有限责任公司　　　　　邮　编：430021

710×1000　　　　1/16　　　　　　　14 印张　　　　230 千字
2024 年 4 月第 1 版　　　　　　　　　　2024 年 4 月第 1 次印刷
定　　价：88.00 元

编委会

序

　　在浩瀚的植物王国中，菊花以其独特的魅力和丰富的文化内涵，历经千年仍绽放着不朽的风采。它不仅是自然界中的一道亮丽风景，更是人类情感与审美的载体，承载着人们对美好生活的无限向往和追求。在这本专注于菊花艺术的书籍《菊艺赏析》即将开篇之际，有幸为之撰写序言，实感荣幸。

　　菊花，自古以来便是中国传统文化中的重要元素，被誉为"花中四君子"之一，与梅、兰、竹并称，象征着高洁、坚韧和谦逊。它不仅在中国，还在世界各地都有着广泛的栽培和研究。

　　《菊艺赏析》一书，是杭州植物园菊花团队对菊花文化和展示形式的深入探索。该书共有菊花文化、菊花品种赏析、杭州历届菊展作品赏析三部分。读者可以通过这本书，了解到菊花如何从一种观赏花卉，逐渐演变为人们生活中不可或缺的艺术元素。

　　本书的编撰，是对杭州菊花的品种推广应用方面进行了比较系统的梳理，对于进一步挖掘和宣传菊花文化起到了促进作用。作者不仅广泛搜集了菊花在我国发展的历史脉络，菊花的物候、药用、食用等实用价值及我国历代对菊花独特的审美情趣，还走访了许多菊花园林，以图文并茂的形式，更好地展现不同类型菊花的形态特征。菊展赏析篇章，比较全面介绍了杭州历届菊展中的环境小品与立体花坛等，展示了菊展中菊花应用和设计风格的特色及变迁。这些珍贵的第一手资料，使得本书具有学术研究价值和设计参考价值。

　　在阅读《菊艺赏析》的过程中，我们不仅可以领略到菊花的千姿百态，还可以感受到作者对菊花艺术的深厚情感和独到见解。每一朵菊花，都仿佛有着自己的灵魂和故事，它们在不同的章节中绽放，引领读者走进一个个充满诗意的世界。

　　预祝《菊艺赏析》一书的出版，能够使更多的人了解菊花、欣赏菊花、热爱菊花，使千姿百态、色泽丰富、品种繁多的菊花成为美化环境、美化生活不可或缺的优秀植物。

刘英 叶家良

2024 年 3 月 13 日

目 录

第一章

菊花文化

第一节
菊花的栽培历史

　　菊花（*Chrysanthemum morifolium*）是菊科菊属的多年生草本植物，别名黄华、鞠花、秋华、秋菊、九华、陶菊等，中国十大名花之一，与梅、兰、竹并称为"四君子"，与兰、水仙、菖蒲并称为"花草四雅"。最早记载见于西周，杨宪益《菊花》中说："古书里最早提到菊花的，恐怕要算《礼记·月令》里的'季秋之月，鞠有黄华'和《离骚》里的'朝饮木兰之坠露兮，夕餐秋菊之落英'了。"

　　菊花最早以野生的自然状态出现在人们视野里，因为食用、药用等价值被人们关注和应用之后，逐渐开始引种栽培并成了一种经济作物。菊花的应用在中国历史上经历了食用、药用、观赏、艺术品鉴等阶段，体现出从实用价值到精神价值的升华。在历代文人的推动下，菊花频繁出现在诗词绘画之中，被赋予极高的精神意义。先秦时期，菊花因屈原被赋予了高洁的象征意义。至晋代，陶渊明的"采菊东篱下，悠然见南山"让菊花从药用和食用阶段进入观赏阶段，也标志着一种菊文化的形成。唐代以后，菊花的栽培与鉴赏得到了高度的发展，菊花的品种不断增加，栽培技术不断提高。不管是物态文化、行为文化还是精神文化，菊花都得到了充分的发展。明代，《艺菊书》《菊谱》《群芳谱》等书籍中不仅记录了菊花品种，还对菊花的栽培技术做了系统的记载。菊花的食用和药用方法得到普及，菊花茶、菊花酒、菊花糕等常常出现在普通百姓的日常生活中。重阳节人们有饮菊酒、食菊糕、簪菊花、放菊花灯的习俗，并有举办菊展、以菊会友的传统。大量的诗词开始表达对菊花的欣赏，人

▲ 元　江济川　草虫图

们在赏菊时还追求其韵味和意境，赋予菊花"傲寒凌霜，清逸洒脱"的精神内涵。不论是王公贵族还是文人墨客，抑或普通百姓，对菊花的喜爱与日俱增，种菊、赏菊、品菊成了日常生活中的一部分，与菊花相关的节日和民俗活动，如"菊花会""赛菊会""品茗咏菊"等也越来越普遍。

一、菊花栽培的起源

研究表明，菊花栽培起源于中国，已有 1600 多年的历史。早期通过长江中游地区（安徽、湖北、河南）部分野生种种间杂交产生新品种，之后经过长期的人工选育得到栽培杂交复合体，主要亲本为毛华菊、野菊，其后紫花野菊、甘菊、神农香菊、菊花脑、异色菊等也不同程度地参与到演化过程，现品种丰富、栽培地区广袤、栽培方式多样。

根据吉庆萍的研究，中国栽培菊花品种的形成分为 5 个时期：自然菊时期，自然状态下的野生菊；资源菊时期，作为药用和食用的野生菊；经济原菊时期，以食用和药用为目的而进行引种驯化的野生种；观赏原菊时期，开始作为观赏植物而栽培；观赏菊时期，选择和培育技术逐渐成熟，开始以观赏为主。

菊花经历了上千年的野生繁殖阶段，到晋代开始人工栽培。明代王象晋在《群芳谱》中认为陶渊明所栽植的菊花花瓣为白色，花蕊为黄色。清代陈淏子的《花镜》中记载："'九华菊'此渊明所鉴者。越人呼为大笑菊。花大，心黄，白瓣，有宽及二寸半者，其清香异常。"从这些历史文献可以看到，在距今约 1600 年前就已经出现了花蕊为黄色的白色菊花栽培品种。

二、唐代的菊花栽培

唐代以后，菊花栽培技术得到繁荣发展，新品种不断涌现，栽培技术中出现了嫁接的方法。文人们留下了大量的咏菊诗篇，如白居易的"耐寒唯有东篱菊，金粟初开晓更清"，刘禹锡的"家家菊尽黄，梁国独如霜"，李商隐的"暗暗淡淡紫，融融冶冶黄"等。从这些诗句可以看出，菊花在唐代已经普遍栽培，并出现了黄、白、紫等多种颜色。菊花在唐代不仅为士大夫所欣赏，也被民间百姓广为种植。一方面是由于菊花兼备食用、药用与观赏价值；另一方面，菊花相对而言适应性广、繁殖栽培容易。

三、宋代的菊花栽培

到了宋代，菊花的栽培技术进一步提高。经学者王微统计，宋代菊花品种有 221 个。同时出现了许多记载菊花品种以及菊花栽培技术的专著，如刘蒙的《菊谱》、史正志的《史氏菊谱》、沈竞的《菊谱》、史铸的《百菊集谱》、范成大的《范村菊谱》等。史铸的《百菊集谱》是宋代菊谱的集大成者，不仅记载了 163 个菊花品种的详情，还记载了菊花的浇水、施肥、病虫害防治等栽

▲ 北宋　赵令穰　橙黄橘绿图

▲ 南宋　佚名　丛菊图

培要领，以及嫁接和扦插等繁殖技术，考证了菊花结不结实、甘菊与野菊怎样分辨、菊花怎样入药和配酒等问题，且收集了与菊花有关的诗词、故事等。北宋学者温革在其著作《分门琐碎录》里记载了菊花还没开放时，用龙眼壳将其花蕊一一罩之，等到要让它开放的前一天用硫黄水浇灌，第二天去掉龙眼壳罩，菊花便会盛开，说明在宋代已经具备让菊花提前开放的栽培技术。刘蒙的《菊谱》中记载了将同一品种菊花移栽至肥沃之处可使单叶变复叶的栽培技术。范成大的《范村菊谱》中记载了菊花的整形摘心技术，同时记载了"一丛之上开花凡十种"的"十样菊"。沈竞的《菊谱》中记载了每年重阳节在杭州西郊都会举办斗菊活动。从这些信息可以看到在宋代菊花的栽培技术以及品

▲ 南宋　李安忠　野菊秋鹑图

种选育技术得到了提高。菊花的功能从实用转至观赏，并与民俗活动相结合，成为普通百姓日常生活中的一部分。

四、明代的菊花栽培

明代，菊花的栽培技术又进一步提高，品种也有所增加。明代菊谱有 21 部之多，如黄省曾的《艺菊书》、高濂的《遵生八笺》、乐休园的《菊谱》、王象晋的《群芳谱》、姚绶的《菊月令》、周履靖的《菊谱》等，李时珍的《本草纲目》中也对菊花有较多记载。其中王象晋的《群芳谱》对菊花品种做了综合性研究，记有 6 类、271 个品种，其中新品种有 208 个，至少包含 16 种花形，其中黄色品种 92 个、白色品种 73 个、紫色品种 32 个、红色品种 35 个、粉色品种 22 个、异品 17 个。周履靖的《菊谱》以"艺菊法"为题，记载了培根、分苗、择本、摘头、掐眼、剔蕊等栽培技术以及使花朵变大的方法。姚绶的《菊月令》中记载了通过芽变后压条繁殖得到新品种的品种选育方法。高濂的《遵生八笺》中记载了 185 个菊花品种，并总结出种菊八法：分苗法、扶植法、和土法、浇灌法、捕虫法、摘苗法、雨踢法、接花法。

五、清代的菊花栽培

　　清代所著各种花谱及艺菊著作共计 36 部，如陈淏子的《花镜》、汪灏的《广群芳谱》、叶天培的《叶梅夫菊谱》、吴升的《菊谱》、徐京的《艺菊简易》、计楠的《菊说》、邹一桂的《洋菊谱》、闵廷楷的《海天秋色谱》、计楠的《菊谱》、臧谷的《问秋馆菊录》等。明清时期的菊花著作比宋代更注重菊花植物性状的描述和栽培技术的研究。清代菊花品种在继承宋代、明代品种的基础上不断创新，同时有一些洋菊品种流入，增加新品种约 500 个，总品种数约 800 个。明清时期，菊花种植主要集中在苏州、金陵、扬州、北京等地，除了经营性的种植业，文人也开始大规模种菊，并且出现了一批种菊专家。

▲ 南宋　朱绍宗　菊丛飞蝶图

六、民国以后的菊花栽培

民国时期，局势较为动荡，但依旧有不少菊花爱好者收藏、栽培菊花，亦有不少菊花专著，如黄艺锡的《菊鉴》、许衍灼的《春晖堂菊说》、缪谷瑛的《由里山人菊谱》等。据《西湖志》记载，一位爱菊成癖的退役海军中将张又莱先生致力于菊花栽培，退休后在杭州钱王祠附近购置房产作为家宅，并取名万菊园，收集菊花品种近 1100 个，其中名贵品种有 400 多个。其去世后，弟弟张衡将其保存的菊花品种及相关资料捐赠给了杭州市政府。现杭州西湖的孤山景区还建有一座"万菊亭"，以纪念张氏兄弟。

近年来由于栽培技术不断提高，菊花品种数量剧增。据李鸿渐先生整理记载，仅中国传统品种就达到 3000 多个，现代育种新品更是不胜枚举。

第二节
菊花的实用价值

一、菊花的物候价值

菊花因其具有药用、食用、观赏等多重作用，自古以来便以各种形式陪伴在中国人身边。早在 2000 多年前，《礼记·月令》记载"季秋之月，鞠有黄华"，《大戴礼记·夏小正》记载"鞠荣而树麦，时之急也"，这是菊花作为物候特征而被应用的最早记载。此后，菊花的盛开就与秋天紧密相连。

二、菊花的药用价值

菊花的药用价值是最先被中国古人了解的。成书于汉代的《神农本草经》记载："鞠华，味苦平，主风，头眩肿痛，目欲脱，泪出，皮肤死肌，恶风湿痹。服之利血气，轻身，耐老延年。"明确了菊花有延年益寿的作用。之后，南朝陶弘景的《名医别录》记载："（菊）主治腰痛去来陶陶，除胸中烦热，安肠胃，利五脉，调四肢。"清代徐大椿的《神农本草经百种录》中记载菊花："芳香上达，又得秋金之气，故能平肝风而益金水。"菊花的药用价值被描述得更具体。唐代著名诗人姚合的《病中辱谏议惠甘菊药苗，因以诗赠》云："萧萧一亩宫，种菊十余丛。采摘和芳露，封题寄病翁。熟宜茶鼎里，餐称石瓯中。香洁将何比，从来味不同。"记载了菊花的不同用法。明代李时珍的《本草纲目》中则更详细地记载了菊花不同的药用价值及其用法："治头目风热，风旋倒地，脑骨疼痛，身上一切游风令消散，利血脉，并无所忌。作枕明目，叶亦明目，生熟并可食。养目血，去翳膜，主肝气不足。"

自古，药用菊花就包含多个不同的品种。《神农本草经》中有"菊有筋菊，有白菊花、黄菊花"的记载。《本草纲目》中记载："黄者，入金水阴分；白者，入金水阳分；红者，行妇人血分。皆可入药，神而明之，存乎其人。"菊花作为可疏风、平肝、明目、清热解毒的药用植物，广泛应用于缓解感冒、喉咙疼痛等症状。如今，药用菊花有杭白菊、贡菊、滁菊、亳菊、怀菊等品种，不同的品种药效各有不同。一般而言，疏风、清热多用黄菊，平肝、明目多用白菊。现代医学研究也表明，菊花含有胆碱、维生素 A、维生素 B_1、氨基酸、菊甙、腺嘌呤等成分，对多种病菌有抑制作用。

▲ 宋 佚名 胆瓶秋卉图

三、菊花的食用价值

菊花是药食两用之物。《离骚》中记载"朝饮木兰之坠露兮，夕餐秋菊之落英"，说明战国时期人们就开始食用菊花。李时珍在《本草纲目》中提到菊花："其苗可蔬，叶可啜，花可饵，根实可药，囊之可枕，酿之可饮，自本至末，罔不有功。"说明菊花的食用方法很多，不同的部位有不一样的做法和作用。西汉时期的小说集《西京杂记》中记载了菊花酒的酿制方法："菊花舒时，并采茎叶，杂黍米酿之，至来年九月九日始熟，就饮焉，故谓之菊花酒。"司马光作《晚食菊羹》诗："菊畦濯新雨，绿秀何其繁。平时苦目疴，滋味性所介。采撷授厨人，烹沦调甘酸。毋令姜桂我，失彼真味完。贮之鄱阳瓯，芦以白木盘。铺啜有余味，芬馥逾秋兰。"唐代诗人皎然所著《九日与陆处士羽饮茶》中记载了饮菊茶的场景："九日山僧院，东篱菊也黄。俗人多泛酒，谁解助茶香。"北宋王禹偁所著《甘菊冷淘》中记载了一种用菊汁和面的面食做法："淮南地甚暖，甘菊生篱根。长芽触土膏，小叶弄晴暾。采采忽盈把，洗去朝露痕。俸面新且细，搜摄如玉墩。随刀落银缕，煮投寒泉盆。杂此青青色，芳草敌兰荪。"《山家清供》中记载了一种名为"菊苗煎"的食物："采菊苗，汤沦，用甘草水调山药粉，煎之以油，爽然有楚畹之风。"宋代周密在《乾淳岁时记》中记载了人们食用菊花糕的习惯："都人是日饮新酒，泛黄簪菊，且各以菊糕为馈。"这些历史记载中菊花的食用方法有菊花酒、菊花茶、菊汁面、菊苗煎、菊羹、菊花糕等多种形态，远多于现代的食用方法。

四、菊花的观赏价值

屈原爱菊，但其留存的关于菊花的诗句只有三首，分别是《离骚》中的"朝饮木兰之坠露兮，夕餐秋菊之落英"，《九章·惜诵》中的"播江离与滋菊兮，愿春日以为糗芳"，《九歌·礼魂》中的"春兰兮秋菊，长无绝兮终古"。从这些诗句就可以看出在屈原的审美观念里，菊花已具备了一定的高洁品格，实现了从实用到观赏的转变。

陶渊明是对于中国菊花人格象征意义和审美内涵定型最具意义的人物。他一生酷爱菊花，而他的辞官隐退、息交绝游、耕读为乐的生活和意境，更像秋天绽放的菊花。他归隐田园的人生为菊花披上了一层"幽人高士之花"的素纱，一句"采菊东篱下，悠然见南山"不仅展现其赏菊之路，也开启了文人赏菊的传统。

唐代，文人对菊花情有独钟，种菊之风日盛。众多的唐诗在咏菊之时展现出文人对赏菊的热爱。刘禹锡《和令狐相公玩白菊》云"家家菊尽黄，梁国独如霜"，说明当时菊花的栽培和观赏在文人之中已经非常普遍了。至宋代，随着菊花品种的丰富和栽培技术的提高，种菊、赏菊已普及至普通百姓之中，每年都有"菊花会""赛菊会"等大规模的赏菊、斗菊活动。《梦粱录》中记载了南宋临安赏菊的盛况："禁中与贵家皆此日赏菊，士庶之家，亦市一二株玩赏。其菊有七八十种，且香而耐久。"沈竞的《菊名篇》中记载了斗菊的盛况："临

▲ 元　王渊　写生花卉册

013

▲ 南宋　林椿　秋晴丛菊图

安西马塍园子，每岁至重阳，谓之斗花，各出菊花奇异者八十余种。"至明清时期，传统艺菊、赏菊更为普及，菊会和菊展活动更为繁荣。《燕京岁时记》中记录当时菊花会的盛况："九花者，菊花也。每届重阳，富贵之家，以九花数百盆，架度广厦中前轩后轾，望之若山，曰'九花山子'；四面堆积者，曰'九花塔'。"菊花在宋代的审美上强调品格象征，但明清以后，尤其是近代以来，人们越来越关注菊花的外在美。

五、菊花的文化价值

重阳节正遇菊花盛开之时，菊花又可作为药食同源的食物久服之"利血气，令人轻身耐劳延年"（李时珍《本草纲目》），食菊糕、饮菊酒逐渐成为重阳节的重要习俗。《续晋阳秋》中记载："陶潜尝九月九日无酒。宅边菊丛中，摘菊盈把，坐其侧久，望见白衣至，乃王弘送酒也。即便就酌，醉而后归。"从中可看到，当时人们已经开始赏菊花、饮菊酒了。自此，赏菊花、饮菊酒、吟菊诗便成为文人墨客在重阳节的重要活动。

　　随着文人活动的推动，重阳节的内容逐渐丰富，赏菊、簪菊、饮菊酒、食菊糕等活动开始在民间流行并成为习俗。自汉代以来重阳节就有吃菊花糕的传统。《文昌杂录》记载："唐时节物，九月九日则有茱萸酒、菊花糕。"明清时期，菊花糕逐渐流行。随着人们对菊花喜爱的增加，簪菊逐渐成为民俗。早在汉代就已出现了将菊花作为女子的头饰，四川东汉葬墓出土的抚琴女俑，就在头顶三个发髻环正中插着硕大的菊花。

▲　清　杨晋　花鸟图

第三节
菊花的艺术创作

在我国历史悠久的养菊、赏菊、品菊、咏菊、画菊传统，使得菊花拥有了独特的审美价值。

一、品菊

菊花的栽培经历了野生繁殖、人工栽培、品种选育、艺术创作等阶段，最终形成小菊、地被菊、盆栽标本菊、大立菊、悬崖菊、案头菊、塔菊、门菊等菊艺方式。

菊花品种的选育主要从花色、瓣形、花形、花香等方面逐步发展。晋代记载有花蕊为黄色的白色菊花。到唐代已经有了黄、白、紫等不同颜色的菊花品种。至宋代，记载的200多个菊花品种中不仅有绿菊、墨菊等稀有的颜色，还出现了复色品种。但文人对花色的审美一直以"黄色为正"。刘蒙《菊谱》中记载，菊花以黄色为正色，白色次之，紫色又次之，最次为红色。菊花的花瓣瓣形主要有平瓣、匙瓣、管瓣、畸瓣、桂瓣等，其中平瓣、管瓣是基本瓣形，而后依次是匙瓣、畸瓣和桂瓣，但它们都在同一时代被发现并发展成为复瓣类型。古人对菊花花形描述较少，但在菊花品鉴上，文人更偏爱细管、清瘦的品种类型，如宋代诗人梅尧臣有诗句"零落黄金蕊，虽枯不改香。深丛隐孤芳，犹得奉清觞"。中国古代文人大都爱香，不同的香亦代表了特定的品格。菊花的清香一直被古人所重视，汉武帝的《秋风辞》中就有"兰有秀兮菊有芳"的描述。诗人亦以秋香、冷香、寒香、暗香等形容菊花的香味。在各种菊谱中，也记载了一些有特殊香味的菊花品种，如刘蒙《菊谱》中的"木香菊"、范成大《范村菊谱》中的"龙脑菊"等。清朝末年，曾有人培育出"梨香菊"、"蜡梅香菊"和"玫瑰香菊"，但已失传。

　　菊花的栽培在唐代以前以园栽为主。到宋代菊花在栽培技术与栽培理论上都有突破性发展，不仅品种不断丰富，而且在繁育上有了扦插、嫁接、播种等多重手段。特别是嫁接技术的成熟，出现了造型菊、扎菊和立菊等园艺手法，以及悬崖菊、塔菊、大立菊、十样菊、五色菊等艺菊形态。随着品种的丰富以及艺菊的发展，宋代开始有了各种形式的"菊花会"。"菊花会"不以买卖为主，而是以展示各自的菊花品种以及艺菊技艺为主，以赛菊、评菊和赏菊为主要文化活动，是现在菊展的起源和雏形。艺菊因其造型独特，渐渐成为"菊

▲ 清　余穉　花鸟图

017

花会"的主要展示内容。

"焚香、点茶、插花、挂画"被称作宋代文人生活四雅。菊花品种丰富，花期长，是重要的插花材料之一。在宋代，菊花就开始用作插花花材了。到了明、清两代，菊花插花更为普及，也更为精致。菊花插花突出表现文人雅士的清高脱俗与清幽情趣，一般以少胜多。清代沈复在《浮生六记·闲情记趣》中详细记录了菊花的插花方法："其插花朵，数宜单，不宜双。每瓶取一种，不取二色。瓶口取阔大，不取窄小，阔大者舒展不拘。"

二、咏菊

人们对菊花的认识，有一个从实用到审美的过程，关于菊花的文学创作也经历了从形到神的审美变化。菊花进入文学作品是从屈原开始的，陶渊明以后，菊花被赋予鲜明的文化内涵。

古籍对菊花的记载最早见于《礼记·夏小正》："季秋之月，鞠有黄华。"这是菊花作为物候特征的描述。咏菊的诗词以描写菊花的习性、香味开始。唐代李商隐的《菊花》："暗暗淡淡紫，融融冶冶黄。陶令篱边色，罗含宅里香。"宋代杨万里的《野菊》："未与骚人当糗粮，况随流俗作重阳。政缘在野有幽色，肯为无人减妙香。已晚相逢半山碧，便忙也折一枝黄。花应冷笑东篱族，犹向陶翁觅宠光。"都写到了菊花的花色与花香。

更多的咏菊诗词为菊花赋予了拟人的品格，将菊花的习性、外在之美与自身的感受、喜怒哀乐等联系在一起，发展了菊花的象征意义。

宋代郑思肖的《寒菊》："花开不并百花丛，独立疏篱趣未穷。宁可枝头抱香死，何曾吹落北风中。"通过描述菊花花期的特点以及花后不落的习性等自然特质暗喻自己的民族情怀。唐代司空图的《华下对菊》："清香裹露对高斋，泛酒偏能浣旅怀。不似春风逞红艳，镜前空坠玉人钗。"描写了菊花甘守寂寞的品格。宋代李清照的《醉花阴·薄雾浓云愁永昼》："东篱把酒黄昏后，有暗香盈袖。莫道不销魂，帘卷西风，人比黄花瘦。"将细长柔美的菊花花瓣与纤弱的女子联系在一起，表现了婉约之美。

三、画菊

菊花与传统绘画有着密切的联系。早在晚唐时期,菊花就已经成为绘画题材了。

宋代《宣和画谱》中论述:"花之于牡丹芍药,禽之于鸾凤孔翠,必使之富贵;而松竹梅菊,鸥鹭雁鹜,必见之幽闲。"可见,菊花在文人绘画中代表着幽雅闲逸的形象。宋、元以后,菊花成为"四君子"题材绘画的重要表现对象。明代,画菊之风盛行,唐寅、徐渭都有众多菊花主题的画。清代画家中不画菊的已鲜有其人了,"扬州八怪"几乎每人都有写菊佳作,并用菊花的画表达自己的情感和精神世界。

民间,画中常常利用菊花长寿的寓意与其他物品搭配,用来表达吉祥如意的美好愿望。如菊花和松、鹤组合寓意长寿,鹌鹑、菊花与落叶组合寓意"安居乐业",蝈蝈与菊花组合寓意"官居一品"等。

▲ 清 张伟 写生花卉图

第四节
菊花的审美价值

　　菊花从用于指示节令到食用、药用、观赏，在人们赏菊、画菊、咏菊的过程中逐渐被赋予君子的品格、隐逸的象征等，形成了丰富的精神文化和审美价值。

　　菊花的审美认识大体经历了以下阶段：先秦时期以屈原为代表，菊花开始具有了人格象征，是菊花审美的发生期。三国时期钟会在《菊花赋》中称赞菊花有五种美德："黄华高悬，准天极也；纯黄不杂，后土色也；早植晚登，君子德也；冒霜吐颖，象劲直也；流中轻体，神仙食也。"之后陶渊明又为菊花注入了隐逸的内涵，是菊花审美的奠基期，开启了文人赏菊的传统。随后，菊花与松、兰、竹等意象的组合扩大，深化了菊花的文化内涵。如今，菊花的审美价值主要体现在君子品格、隐逸之美、思乡情结、健康长寿四个方面。

一、菊之君子品格

　　屈原对理想的追求异乎寻常地坚定和顽强，其"菊世独立"的精神品格与菊花凌霜开放、"此花开尽更无花"的物候特点极为相似。因此屈原笔下的菊花就有了不怕强权、刚正不阿、独守高洁、坚贞不屈、特立独行等品格，并深深影响了后世文人的人格追求。菊花成为文人心中君子的象征，君子品格亦成为菊花审美的核心价值，出现在历代文人咏菊的诗篇中。

　　《离骚》中"朝饮木兰坠露兮，夕餐秋菊之落英"表现了菊花超凡脱俗的品质。杜甫曾描写菊花"寒花开已尽，菊蕊独盈枝"。陆游有诗云"菊花如端人，独立凌冰霜"。苏轼有"荷尽已无擎雨盖，菊残犹有傲霜枝"。这些诗句赋予菊花清贞绝俗、遗世独立的品格。

唐末农民起义领袖黄巢写下诗句"待到秋来九月八，我花开后百花杀。冲天香阵透长安，满城尽带黄金甲"，不仅体现了菊花坚韧不屈的品格，还为菊花赋予了傲视群雄的王者风范。

二、菊之隐逸象征

陶渊明"采菊东篱下，悠然见南山"的隐居生活创造了一种遗世独立、洁身自好、躬耕田园的生活方式，为失意痛苦的文人提供了一处虚无但美好的精神家园。从此，菊花成了隐逸情怀的一种象征。

至宋代，文人整合了屈原和陶渊明赋予菊花的内涵。菊花既代表了高洁的人格修养，又有了不慕名利、追求自然的隐逸情怀。

三、菊之思乡情结

秋天是登高怀远的日子，此时盛开的菊花被古人赋予了思乡的情节。南朝江总的《于长安归还扬州九月九日行薇山亭赋韵》："心逐南云逝，形随北雁来。故乡篱下菊，今日几花开。"首次把菊花与故乡联系起来。此后，文人们就常常借菊花抒发思乡之情。唐代孟浩然的《过故人庄》："故人具鸡黍，邀我至田家。绿树村边合，青山郭外斜。开轩面场圃，把酒话桑麻。待到重阳日，还来就菊花。"为菊花赋予了故人情怀。明代唐寅的《菊花》："故园三径吐幽丛，一夜玄霜坠碧空。多少天涯未归客，尽借篱落看秋风。"将游子浓浓的思乡情结寄托在菊花上。

四、菊之长寿寓意

菊花因具有延年益寿的功效，被赋予长寿的寓意。宋代吴自牧的《梦粱录·九月》中"今世人以菊花、茱萸，浮于酒饮之。盖茱萸名'辟邪翁'，菊

花为'延寿客'",明确了菊花延年益寿的功效。

　　菊花还常常被用在图案和纹饰中表达长寿、吉祥的美好愿望。如菊花配磬,寓意"庆寿";菊花配佛手或蝙蝠,寓意"福寿";菊花配牡丹、莲花,寓意"富贵连寿";菊花配"万"字、如意,寓意"万寿如意"等。

第二章
菊花品种赏析

第一节
平瓣类

丽金

玉壶春

白香卷

宝幸唐景

东山明月　　　　　　　　　　国华十八宴

晓日烘山　　　　　　　　　　洹水桃花

金背大红　　　　　　　　　　金红境辉

李逵醉酒

绿牡丹

盘龙红袖

惊艳

盘龙圣莲

袖舞西风

燕郊新桂

正风学士

粉背莲花

红英呈瑞

秋水芙蓉

人面桃花

天香紫旋

小帅旗

永寿墨

紫燕翻飞

第二节
匙瓣类

德望

冬云

凤凰振羽

国华胜龙

国华十年

国华水师

太平红叶

黄剑云

国华活力

精兴右进

漫卷红云

泉乡冲天

水晶宫

唐宇泥金

新魁龙

新猩然

艳山

紫甲

泉乡银阁

水域金钟

天满星

北陆红玉

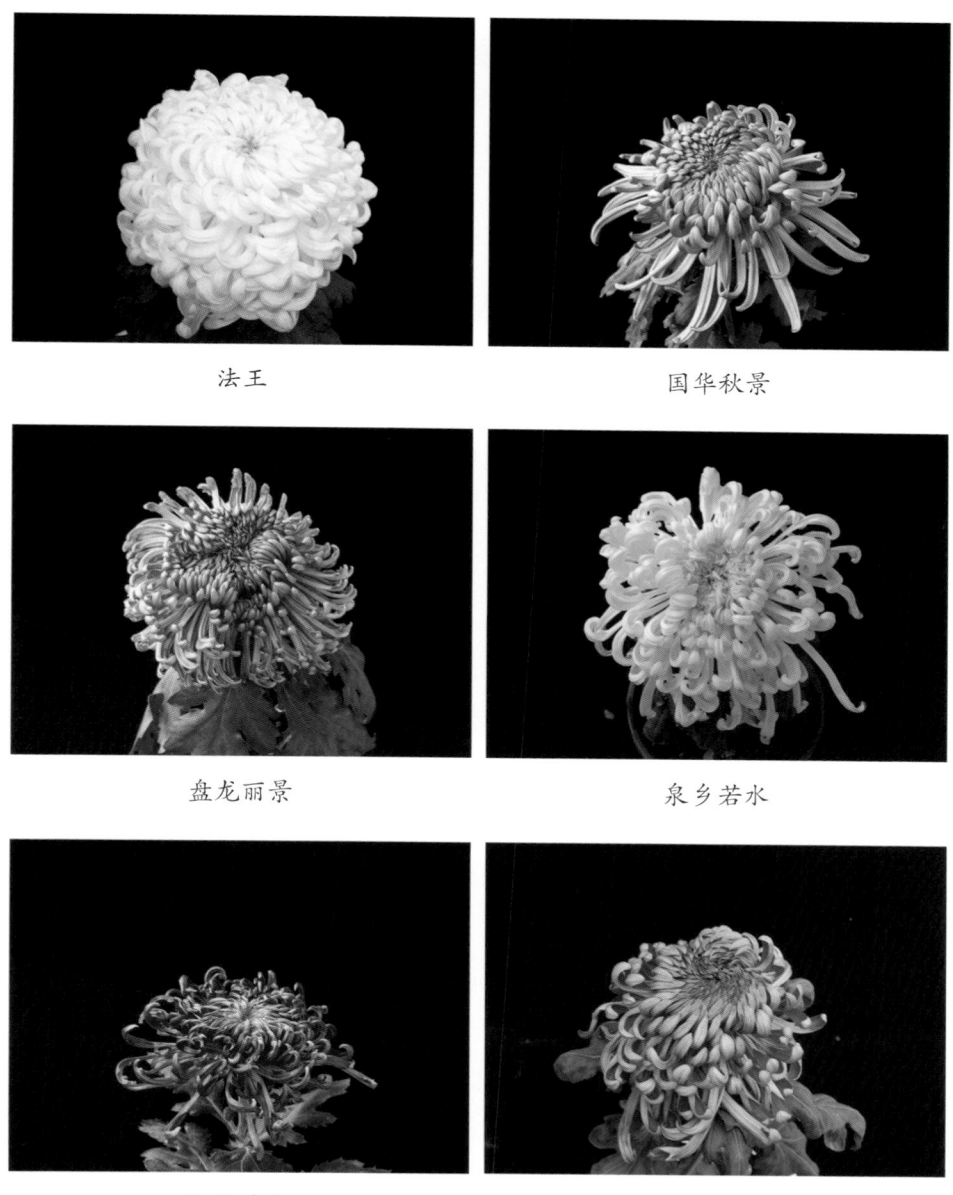

法王

国华秋景

盘龙丽景

泉乡若水

棱镜清辉

太液雄风

唐宇金秋

墨珊瑚

银涛

豫鹰雄狮

醉咏红霞

彩龙爪

濠景焰火　　　　　　　　　　　红龙起舞

第三节
管瓣类

岸的赤星

白衣天使

春潮绿云

春醉清波

古道回风　　　　　　　　　黄赤心

极光　　　　　　　　　江海金珠

江融新雪　　　　　　　　　京燕瑞紫

流美

绿柳佛香

泉乡的局

泉乡惠雨

泉乡明星

泉乡仙乐

泉乡亚流

泉乡洋上

圣光的潮

圣光花宝

圣光华宝

水芭蕉

天雨流星

玉坡滌秋

织女

岸的黄虹

飞珠散霞

关东大侠

咖啡一品

鸾凤和鸣

天花众雨

紫霞秋英

汴梁古风

翠深傲骨

濠景四射

黄松针

火凤凰

金缕流霞

滦水春泉

绿松

千手观音

千丝万缕

清见的由来

西尼公主

洹水芙桂

洹水金桂

蕊珠宫

第五节
畸瓣类

金爪

盘龙金爪

紫龙献爪

白毛刺

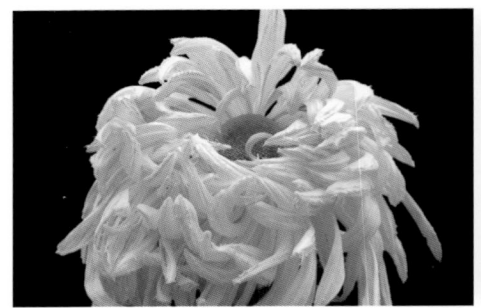

红毛刺

黄毛刺

玉翠龙爪

第三章
历届菊展作品赏析

菊艺生活

【作品赏析】

该作品以银色框架结构划分空间，形成不同展示区域，结合菊花花境模拟庭院景观进行展示。

【植物搭配】

一串红、小菊、大菊、多头菊、胡颓子、龙爪槐、变叶木、滴水观音、散尾葵、红掌、千日红、萼距花、黄金菊等。

秋 之 韵

【作品赏析】

该作品以"丰收"为主题，通过谷仓造型、立体黄牛造型、南瓜、板车与菊花花带景观，展现秋天丰收的场景。

【植物搭配】

小菊、大菊、多头菊、球菊、变叶木、玉带草、散尾葵等。

皮影菊韵

【作品赏析】

该作品以"天方地圆"的形式组合，通过素雅的色彩、野趣的菊花展现中国传统文化元素与现代品质生活的融合。

【植物搭配】

多头菊、小菊、芦苇、茅草等。

采菊东篱下

【作品赏析】

该作品以扇面结构和茶壶立体绿化造型结合菊花等植物材料表达茶香和书香的韵味，展现悠然自得的意境以及田园风的生活场景。

【植物搭配】

多头菊、大菊、小菊、巴西铁、花叶常春藤、鸡爪槭、蒲苇等。

盛世龙腾

【作品赏析】

该作品以金龙腾飞的立体造型为主景，结合假山、花桥、花柱等造型烘托作品氛围。

【植物搭配】

多头菊、大菊、小菊、花叶常春藤、变叶木、蒲苇等。

主 会 场

【作品赏析】

该作品为 2010 年菊展主会场的造景，以菊花造型的舞台为主，四周布置各色菊花小景。一组花篮立体造型，呈现出菊展的热烈氛围。

【植物搭配】

多头菊、大菊、小菊、大立菊、散尾葵等。

童梦羊村

【作品赏析】

  该作品以"灰太狼"和"喜洋洋"等卡通造型为主景，展现可爱的羊村场景。

【植物搭配】

多头菊、大菊、小菊、盆景菊、三角梅等。

城市家园

【作品赏析】

该作品以"城市家园"为主题，运用花窗、屏风等造型划分空间，形成多个展示区域，展示不同菊花品种与艺术造型。

【植物搭配】

多头菊、大菊、小菊、盆景菊、三角梅、一品红等。

竹菊雅舍

【作品赏析】

该作品以"竹菊雅舍"为主题,简单的茅草建筑结构形成半围合空间，结合菊花花境打造古朴自然的庭院景观。

【植物搭配】

多头菊、大菊、小菊、盆景菊、球菊、变叶木、小竹、红枫、苏铁、大立菊、小丽菊、一串红、芦苇、南天竹等。

皇城梦迹

【作品赏析】

该作品以"皇城梦迹"为主题，青砖墙、石板路、小桥流水、结合菊花花境打造安居乐业的生活场景。

【植物搭配】

多头菊、大菊、小菊、盆景菊、红枫、芭蕉、小竹、月季、胡颓子、花叶假连翘、狼尾草等。

石 之 居

【作品赏析】

该作品以"石之居"为主题，精致的私人住宅空间与粗放的自然环境形成强烈对比，展现出人们对舒适优雅的生活环境以及自由奔放的大自然的向往。

【植物搭配】

多头菊、大菊、小菊、球菊、塔菊、常春藤、一串红、孔雀草、狼尾草等。

梦　西　湖

【作品赏析】

　　该作品以"梦西湖"为主题，结合景墙、船只、博古架等造型，营造美丽家园的景象。

【植物搭配】

　　多头菊、大菊、小菊、盆景菊、南天竹、五针松、翠竹、胡颓子、枸骨等。

回 归

【作品赏析】

该作品以"回归"为主题，利用废弃材料打造有趣的庭院空间，树桩木段、轮胎、集装箱、钢管等都被重新美化利用，五彩斑斓的菊花花境烘托出热烈的氛围。

【植物搭配】

多头菊、大菊、小菊、盆景菊、芭蕉、美人蕉、朱蕉、再力花、醉蝶花、变叶木等。

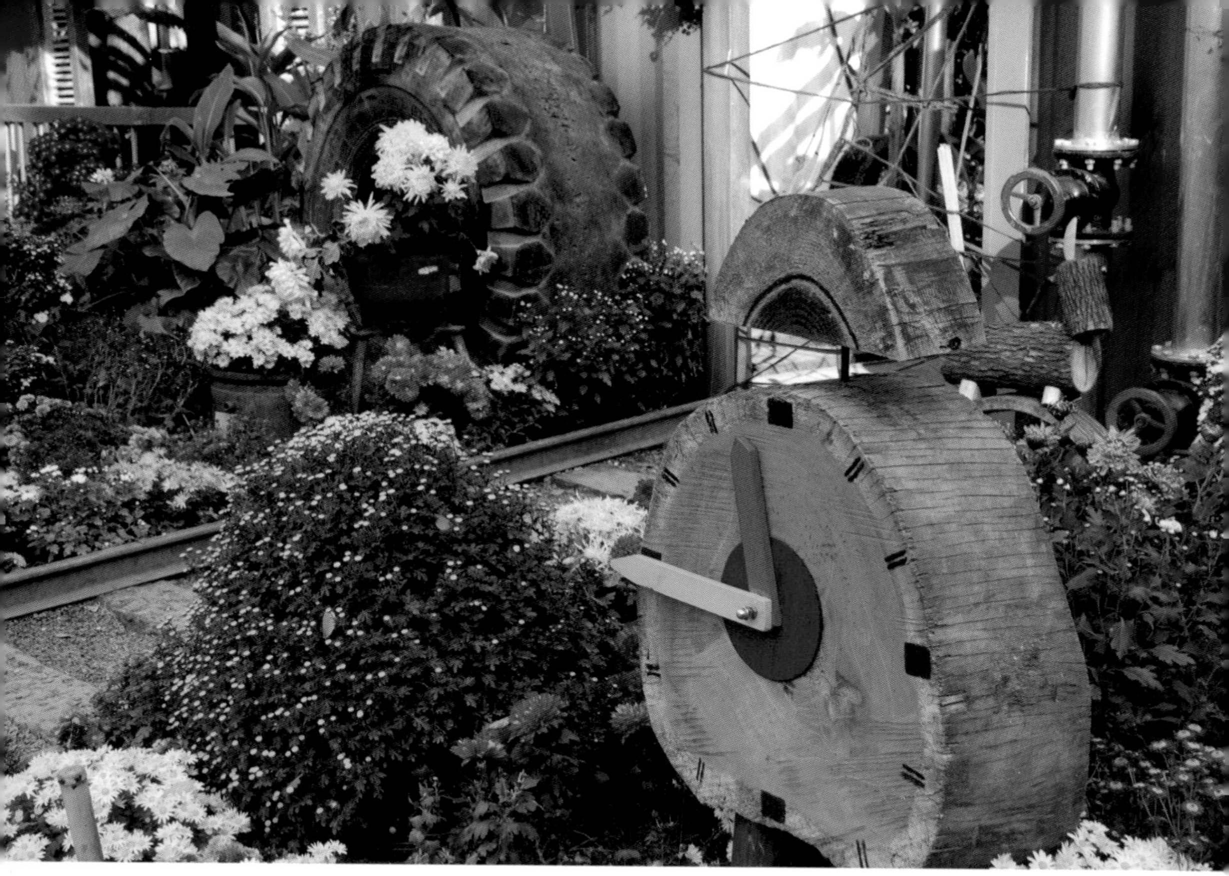

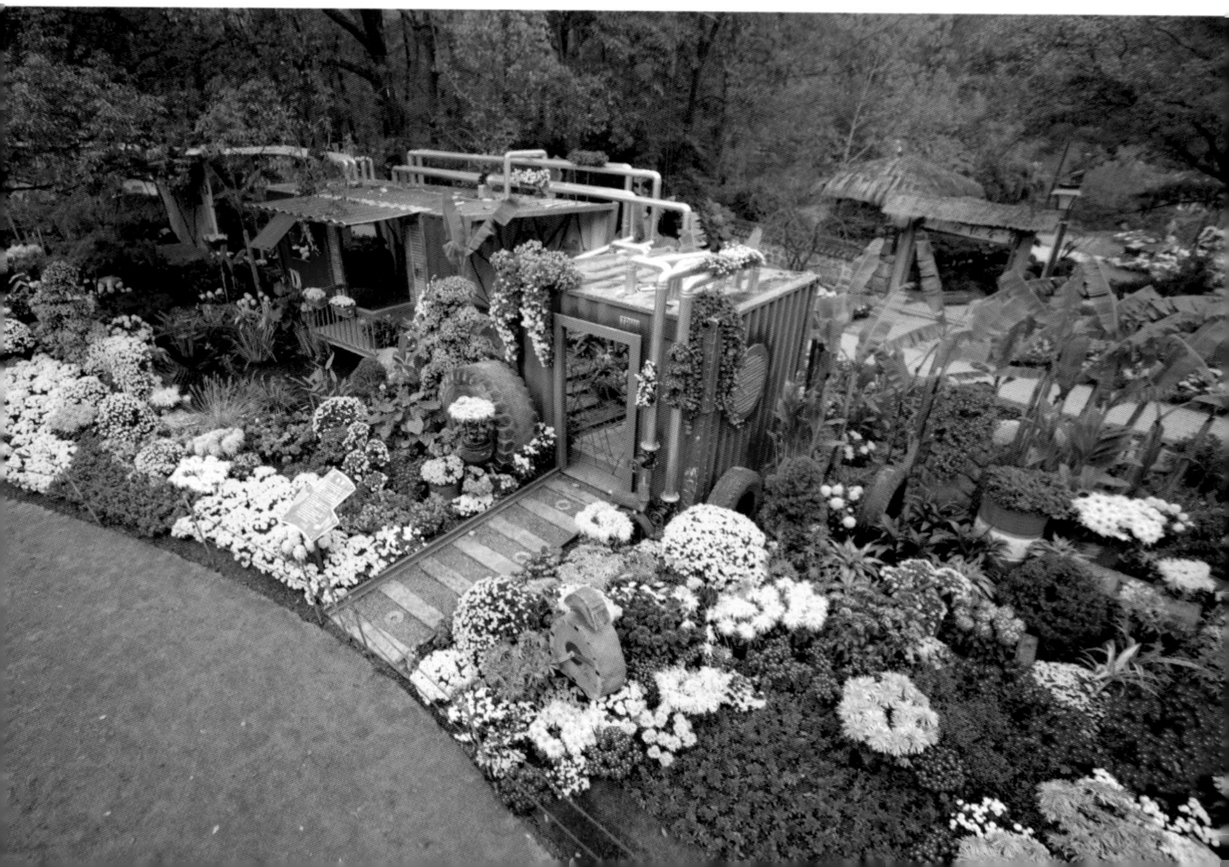

青瓷菊花

【作品赏析】

该作品以"和谐祥瑞"为主题，青瓷菊花为主景，展现菊花与瓷器的美丽。

【植物搭配】

多头菊、大菊、小菊、盆景菊、造型菊、悬崖菊、盘龙菊、西洋杜鹃、散尾葵、龟背竹、芭蕉、孔雀草等。

菊香人和，繁华时尚

【作品赏析】

该作品以舞动飘带的女子立体绿雕
为主景，放射状菊花色块环绕四周，展现
热烈的菊展氛围。

【植物搭配】

多头菊、小菊、大立菊、塔菊等。

第三节
2011 年菊展

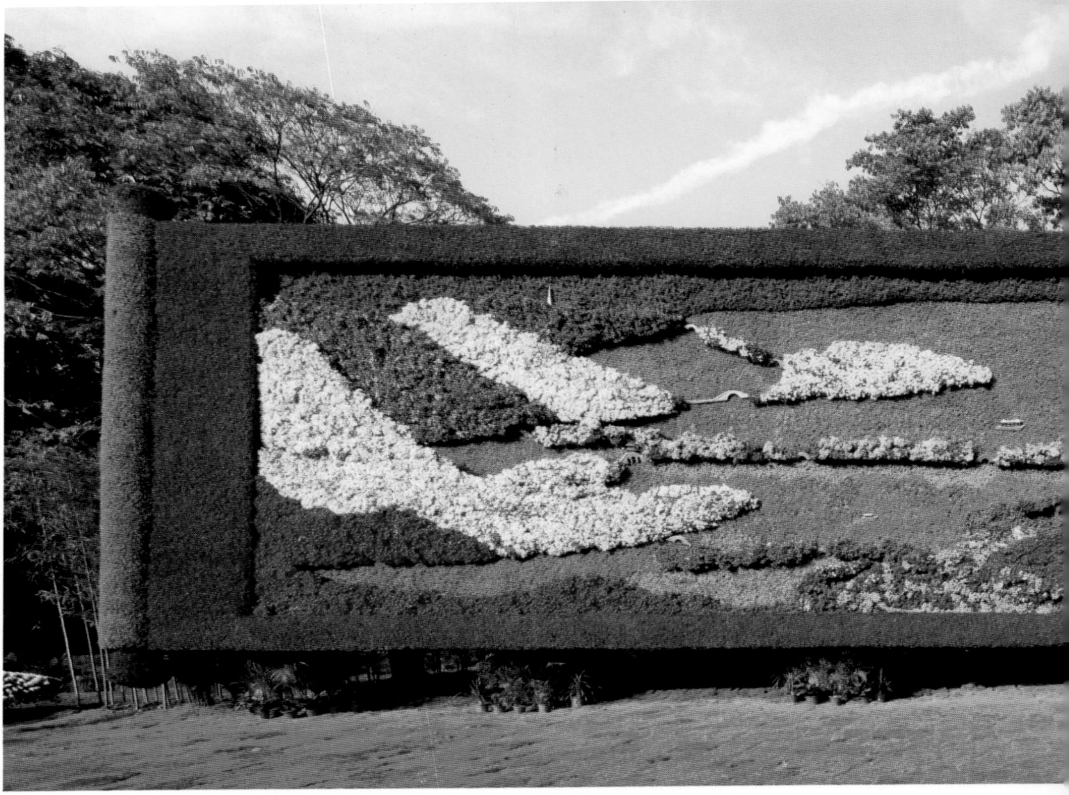

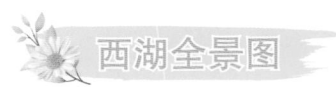

西湖全景图

【作品赏析】

该作品以立体绿化的形式表现西湖全景，通过浮雕以菊花色块展现西湖的山水纹理。

【植物搭配】

多色小菊、中华景天、绿草等。

印象——雷峰夕照

【作品赏析】

该作品以"雷峰夕照"为主题,雷峰塔的结构造型掩映在金色竹林中,双投桥、塔基遗址、小船、"菊湖"等元素虚实结合,展现雷峰夕照的美丽景色。

【植物搭配】

多色小菊、盆景菊、多头菊、大菊等。

瀛洲盛景

【作品赏析】

该作品以"瀛洲盛景"为主题，展现"片月生沧海，三潭处处明，夜船花香处，人在景中行"的美丽景观。

【植物搭配】

多色小菊、盆景菊、多头菊、大菊、茶花、胡颓子、南天竹、红枫、桂花等。

【作品赏析】

　　该作品以"菊艳鱼欢"为主题，展现西湖十景之一"花港观鱼"的美丽景象，营造出"红鲤花池铺锦绣，临水花港观鱼痴"的观赏意境。

【植物搭配】

　　多色小菊、盆景菊、多头菊、大菊、一串红、金边虎皮兰、五针松、朱蕉等。

菊意禅宗

【作品赏析】

该作品以"菊意禅宗"为主题，以菊、水、松、石打造禅意景观，展现禅宗隐逸、博大的文化理念，以及菊花寒亦无畏、凌霜自在的气节品质。

【植物搭配】

多色小菊、盆景菊、多头菊、大菊、醉蝶花、旱伞草、龟背竹、菖蒲、南天竹等。

曲院风荷

【作品赏析】

该作品以曲院风荷院落和酿酒坊为主景，曲桥连接，并用菊花拼出荷花图案，营造"接天莲叶无穷碧，映日荷花别样红"的景致。

【植物搭配】

多色小菊、盆景菊、多头菊、大菊、罗汉松、美人蕉等。

北山集锦

【作品赏析】

　　该作品以"北山集锦"为主题,通过"梅林归鹤""平湖秋月""宝石流霞"三处传统十景的缩影组合,展现西湖的秀美景色。

【植物搭配】

多色小菊、盆景菊、多头菊、大菊、鸡爪槭、红枫、梅、蝴蝶兰、南天竹等。

探　　索

【作品赏析】

该作品以"探索"为主题，展现美丽而神秘的海洋世界，以立体绿化的形式表现海洋动物造型，结合五彩的菊花，营造热烈的氛围。

【植物搭配】

多色小菊、盆景菊、塔菊、多头菊、大菊、大立菊、巴西铁、蒲苇等。

领　航

【作品赏析】

该作品以"领航"为主题，运用立体绿化的形式打造菊展主会场舞台。该立体花坛高约9米，占地面积达400余平方米。立体造型部分以色彩丰富的小菊、景天、红草、绿草等植物进行装饰。环境布置方面以大菊、小菊结合观叶植物为主营造自然花境，大立菊、盆景菊、球菊、树菊、悬崖菊等点缀其间。

作品以菊花、杭扇、船帆、浪花等造型结构，辅以丰富的色彩来凸显立体花坛的视觉效果。同时，运河、码头等蕴含文化内涵并富有区域特色的元素融入其中，诠释了拱墅区"文化为魂"的深刻内涵。秋意盎然之际，绚烂的菊花在美丽的西子湖畔悄然绽放，犹如运河边耀眼夺目的烟花，寓意着杭州特有的时尚气息和璀璨的未来。经艺术加工的古扇造型，焕发出新的光彩，呈现出悠久的历史文化和现代文明的融合，代表着休闲之都在传承和发扬中绽放。三面帆代表着"正直、勇敢、希望"，面对滚滚时代浪潮，引领人们乘风破浪，共同驶向璀璨的未来。整体造型中各种元素相互融合，休闲与激情同在，古韵与时尚并存。

【植物搭配】

整体造型中使用的菊花：多色小菊、盆景菊、塔菊、多头菊、大菊、大立菊、悬崖菊、球菊等。

立体造型中使用的植材：红草、绿草、佛甲草、红色小菊（穴盘苗）、黄色小菊（穴盘苗）、玫红色小菊（穴盘苗）、白色小菊（穴盘苗）等。

其他花境中使用的植材：滴水观音、巴西铁、吊兰、常春藤、花叶蔓长春、三角梅、朱蕉、地涌金莲、红叶槿等。

缤纷都市

【作品赏析】

该作品以"缤纷都市"为主题，运用立体绿化的形式打造展翅起舞的孔雀造型，寓意魅力杭州时尚璀璨，城市发展日新月异。

【植物搭配】

多色小菊、大菊、球菊、五色苋、月季等。

创新的旋律

【作品赏析】

该作品以"创新的旋律"为主题,简洁的线条和形态勾勒出下沙新城的新面貌,展现开发区的创新精神和勃勃生机。

【植物搭配】

多色小菊、大菊、球菊、大立菊等。

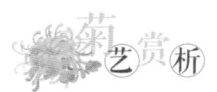

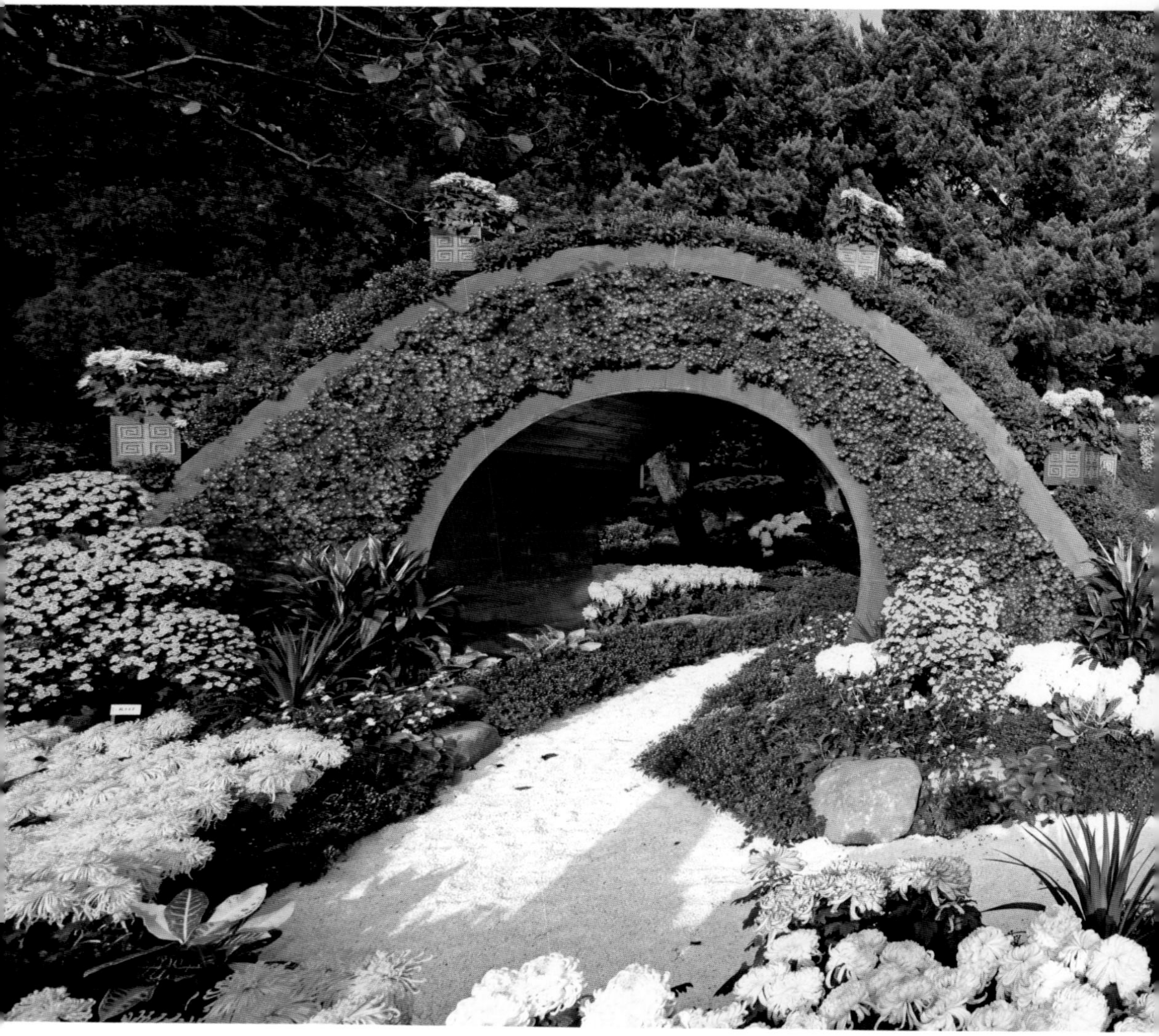

家住皇城河边

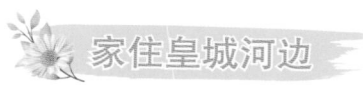

【作品赏析】

该作品以“家住皇城河边”为主题，清风摇木舟，游皇城，昔日风雨，小

桥流水，流不走千年文蕴，静默水城门下，道不尽的传奇都已醉卧九华。远处白塔耸立，歌舞齐鸣，锣鼓喧闹，又是一番太平盛世的景象。古墙斑驳，斗拱金砖，停舟夜泊，家住皇城河边。

【植物搭配】

多色小菊、大菊、塔菊、大立菊等。

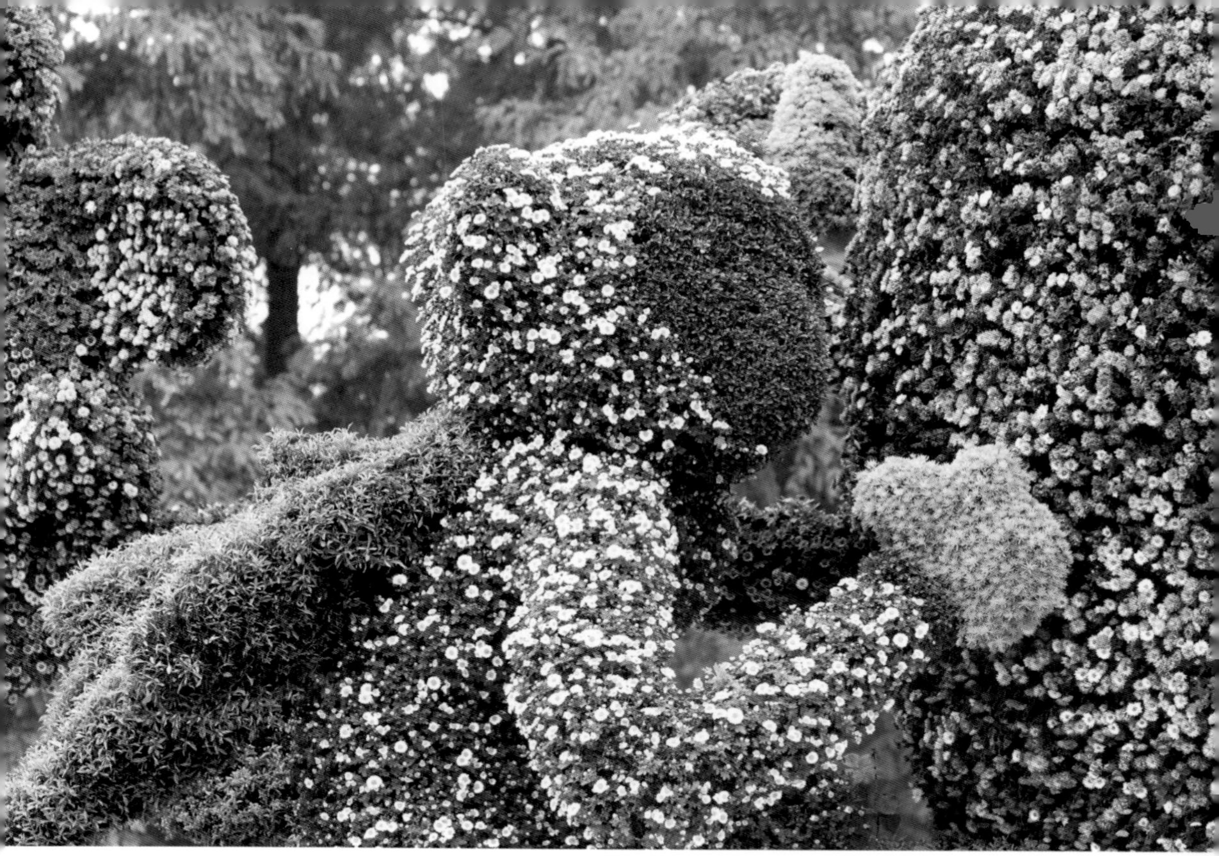

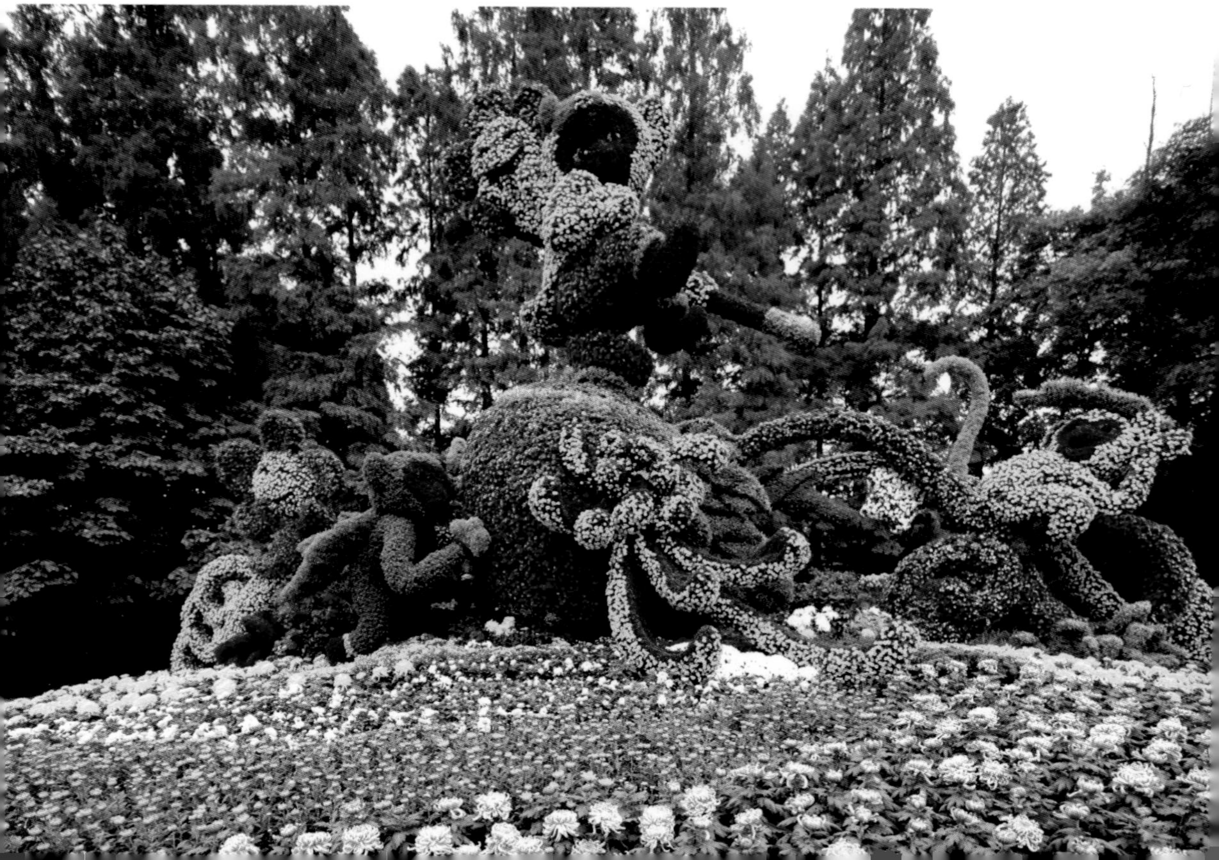

闹 花 海

【作品赏析】

　　该作品以"闹花海"为主题，以美猴王的动画形象为创作主元素，辅以可爱的西溪花朝节卡通形象"花仔"，用菊花来表达动漫文化的时尚和欢乐。淘气的猴子和乐观、开朗、热情的"花仔"被大众所宠爱。它们不仅是动漫的标志，更是花的使者，带来美好的祝愿。

　　该立体花坛高 7 米，占地面积约 300 平方米，整体造型为钢结构框架，所用植物材料以菊花穴盘苗与红草、绿草为主，环境布置种植各色菊花，营造色彩缤纷的色带景观。

【植物搭配】

　　整体造型中使用的菊花：多色小菊、多头菊、大菊等。

　　立体造型中使用的植材：红景天、佛甲草、绿草、玫红小菊（穴盘苗）、黄色小菊（穴盘苗）、橙色小菊（穴盘苗）、银叶菊（穴盘苗）等。

　　其他花境中使用的植材：月季、红掌、花叶假连翘、观赏草等。

菊·山水

【作品赏析】

该作品以"菊·山水"为主题，对"山"的表现手法源于贝聿铭的大作（苏州博物馆），高低错落排砌的线条造型与背景浓密的香樟林浑然一体，在朦胧的雾景中，林中的小鸟展翅欲飞，营造出"菊山"的意境。对"水"的表现手法则动静结合，以三个"水中盆景"的跌水效果和随地势起伏的菊花水纹肌理造型来彰显动感，以流淌的水面倒映着自然的美景来凸显静怡，向游客展示一幅典雅时尚的"菊·山水"美丽画卷。

【植物搭配】

多色小菊、大菊、塔菊、大丽菊等。

跨湖研读

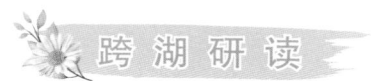

【作品赏析】

该作品以“跨湖研读”为主题。约 8000 年的湘湖跨湖桥文化，承载着浙江源远流长的厚重历史，孕育了一曲萧然大地渔樵耕读的田园牧歌。翻开约 8000 年的篇章，读以明志，读以自强，谱写更加辉煌的明天。

【植物搭配】

多色小菊、大菊、悬崖菊、塔菊、大丽菊等。

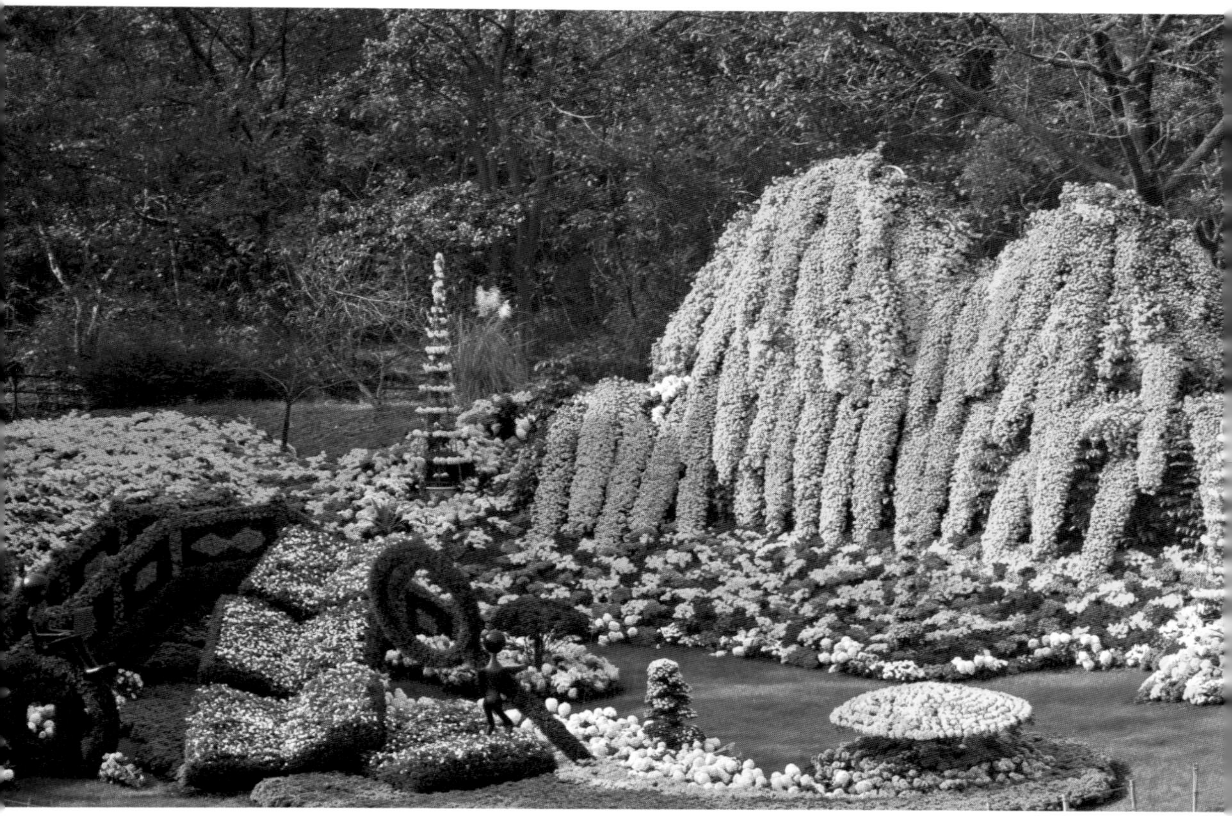

龙舟竞渡

【作品赏析】

该作品以"龙舟竞渡"为主题。五常赛龙舟是余杭区的传统活动,开赛时鼓声震天,人欢鱼跃,"枇杷精灵"齐心划桨,两艘龙舟抢先争流,体现余杭人民合力拼搏、务实争先的精神。满地的菊花寓意着余杭的明天将繁花似锦。

【植物搭配】

多色小菊、大菊、三角梅、观赏草等。

奇幻空间 创想生活

【作品赏析】

该作品以"逝去未来，循环之美"为主题，以"废物再生、再利用"为设计理念，将菊花展示与低碳环保结合。废弃的包装和材料、看似无用的轮胎和自来水管、淘汰的大型家电，经过巧妙的再利用，又可以在日常生活中焕发出新生菊花一样的美丽。环保并不遥远，也不困难，我们完全可以从身边小事做起，从自我做起。

【植物搭配】

多色小菊、大菊、塔菊等。

生态家园

【作品赏析】

该作品以"打造生态品质之城，美化生态家园"为主题，将易拉罐、红酒瓶等多种回收废物与菊花有机组合，并通过艺术加工形成一个极具观赏性的作品，以此来倡导人们注重生态，保护环境。

【植物搭配】

多色小菊、大菊、塔菊、大丽菊等。

宜庭赏菊

【作品赏析】

该作品以"低碳、环保"为主题，通过废旧木料和空心砖组合搭建的庭院展台、铺地的枯老树桩、单位职工自主培育的各类菊花，营造出中国传统庭院古典、纯朴的建筑氛围，表达了"结庐在人境，而无车马喧"那般超凡脱俗的生活态度。

【植物搭配】

多色小菊、大菊、悬崖菊等。

菊 花 坛

【作品赏析】

　　该作品以"菊花坛"为主景，通过复制古代赏菊、斗菊之场所，展示杭州自古以来的赏菊习俗。结合白墙、逸竹、轻隔断等，再现了古杭城赏菊、斗菊之盛景。

【植物搭配】

多色小菊、大菊、盆景菊、大丽菊等。

主会场——盛开的菊花

【作品赏析】

该作品位于 2012 年菊展的主会场区域，以菊花花朵的立体造型为主景，结合主会场展台，营造热烈的展览氛围。

【植物搭配】

多色小菊、红草、绿草、大菊、多头菊、盆景菊、大丽菊等。

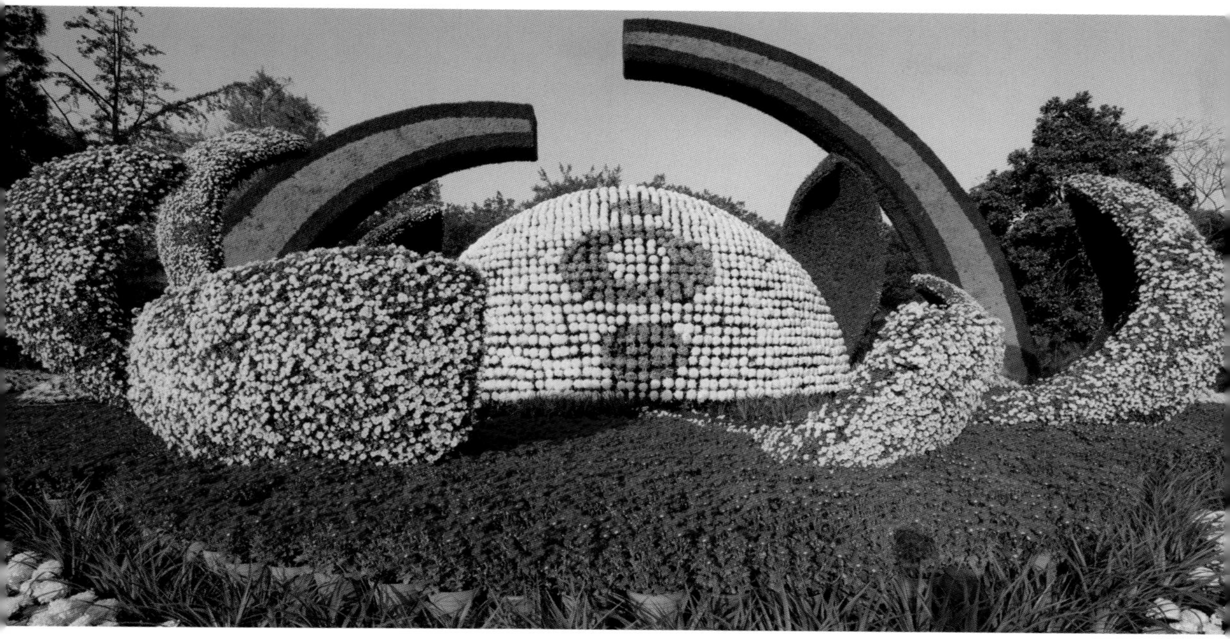

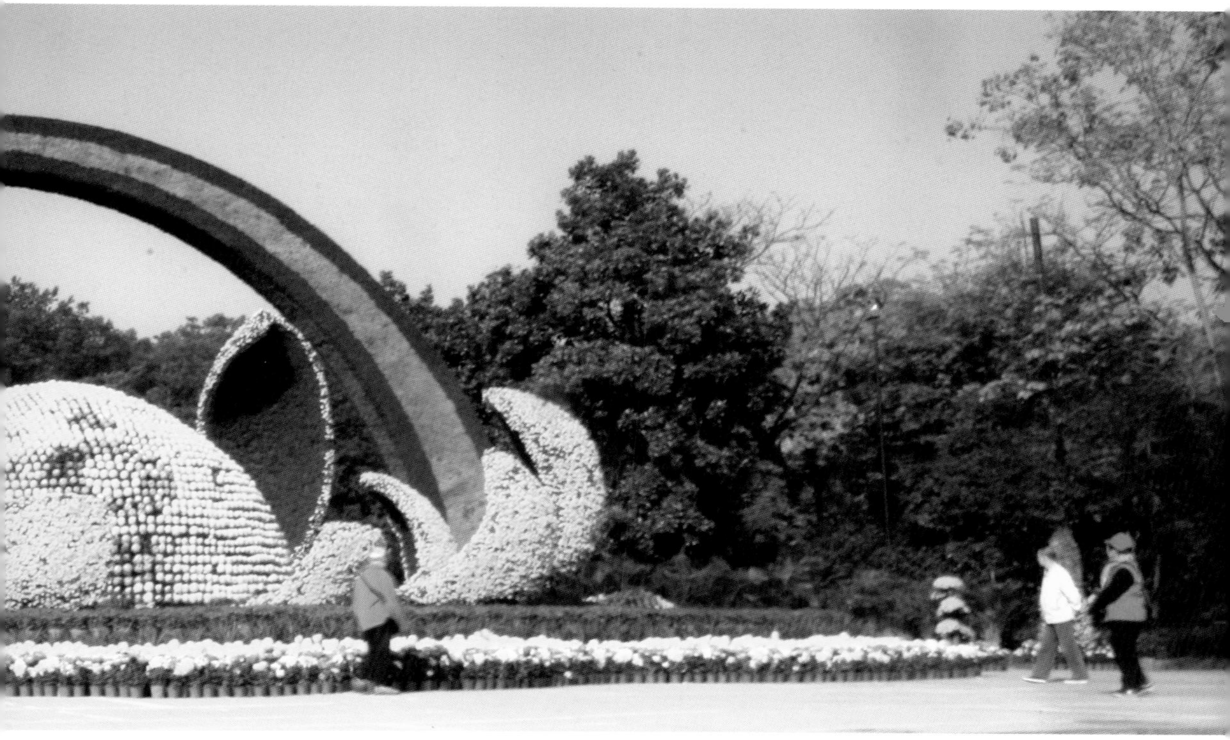

菊酒醉金秋

【作品赏析】

该作品以"菊酒醉金秋"为主题，用红草、绿草和菊花打造的景观墙上不规则排列的酒罐和罐中不停倾泻的流水，将花与酒的文化内涵融合在一起。

【植物搭配】

多色小菊、红草、绿草、大菊、多头菊、盆景菊、大丽菊等。

驶向新时代

【作品赏析】

该作品以"驶向新时代"为主题，采用立体花坛的形式展现杭州火车东站的新貌。地铁、高铁造型充分体现了"城市新门户、都市新中心、和谐新江干"城东的新城建设形象。

【植物搭配】

多色小菊、红草、绿草、大菊、多头菊、盆景菊、塔菊、大丽菊等。

菊龙共舞，幸福西溪

【作品赏析】

该作品以湿地龙舟文化、菊文化为主线，以龙舟、湿地景观、菊花为主要元素，以中国红、黄为主色调，结合环境小品及配花，打造缤纷绚丽的立体花坛。

【植物搭配】

多色小菊、红草、绿草、大菊、多头菊、盆景菊、塔菊、大丽菊等。

御街老字号

【作品赏析】

该作品采用多色菊花为材料，展现杭州历史悠久、文化底蕴深厚的古街——河坊街，并以杭州闻名的"五杭"（张小泉"杭剪"、孔凤春"杭粉"、王星记"杭扇"、都锦生"杭锦"、宓大昌"杭烟"）为主要元素，突出杭州最具代表性的历史文化、商业文化、市井文化和建筑文化，是杭州古都风俗民情的集中再现。

【植物搭配】

多色小菊、红草、绿草、大菊、多头菊、盆景菊、塔菊、大丽菊等。

青　韵

【作品赏析】

该作品主体为官窑青瓷折沿盘一对、青瓷茶具一套、玉琮一具，采用银叶菊模仿青瓷的色泽，红、黄、棕色的菊花模仿"紫口铁足"，其他颜色的菊花点缀其中，搭配菊花花境，营造花展氛围。

【植物搭配】

多色小菊、银叶菊、大菊、多头菊等。

时 尚 生 活

【作品赏析】

该作品以菊花为主要素材，运用立体花坛的形式描绘出现代的幸福生活。

【植物搭配】

多色小菊、银叶菊、大菊、多头菊、蕨类植物等。

天 堂 硅 谷

【作品赏析】

该立体花坛通过以菊花为主体打造的通信接收器、电子商务模块、业绩上升双箭头及地球经纬线等模型来反映滨江科技发展的龙头产业如同菊花般绚丽绽放，前程似锦。展台周围用菊花拼出地球的图案，并摆放盆景造型菊及菊花柱，搭配展台边缘的悬崖菊花丛，打造出风格各异的菊花花境。

【植物搭配】

多色小菊、银叶菊、大菊、多头菊、蕨类植物等。

蜕　变

【作品赏析】

该作品围绕"菊花与文化"的主题，结合拱墅区的区域文化特色，以齿轮及运河景观为主要造景元素，表现出拱墅区从传统老工业区到如今的"商贸第一区"的华丽蜕变。

【植物搭配】

多色小菊、悬崖菊、球菊、大菊、多头菊、红草、绿草、景天等。

君 子 宴

【作品赏析】

该作品围绕"菊花与文化"的主题，运用立体构架搭建不同的空间，结合博古架、树藤等展现古朴与自然的场景。

【植物搭配】

多色小菊、盆景菊、大菊、多头菊、红草、绿草、金镶玉竹等。

幸 福 门

【作品赏析】

　　该作品以"幸福门"为主题，运用老墙门结构划分空间，结合老行当道具的展示反映老杭州的传统风貌，展现简单幸福的生活场景。

【植物搭配】

　　多色小菊、盆景菊、大菊、多头菊、悬崖菊、金镶玉竹等。

菊 影

【作品赏析】

该作品以"菊影"为主题，运用现代造园技术，通过光、水、镜中菊影效果的营造来展现菊花优雅的姿态。

【植物搭配】

多色小菊、盆景菊、大菊、多头菊、萼距花等。

115

古都秋韵

【作品赏析】

该区域为开封菊花展示区，入口小品主题为"古都秋韵"，以立体绿化的形式制作古城墙、龙亭和铁塔。可爱的菊娃、菊妮造型张开双臂喜迎四方宾朋。

【植物搭配】

多色小菊、盆景菊、大菊、多头菊、塔菊、大丽菊等。

两宋印象

【作品赏析】

　　该作品以"两宋印象"为主题,采用立体花坛的形式呈现宋代民窑与官窑的瓷器造型以及两宋建筑剪影,展现古都魅影的同时传播杭州与开封的两宋文化。

【植物搭配】

　　多色小菊、盆景菊、大菊、多头菊、塔菊、大丽菊、红草、绿草等。

118

上有天堂，下有
要把西湖保护好

古 都 菊 韵

【作品赏析】

该作品以菊花立体造型为主
体，结合西湖申遗标志，营造热烈
的展览氛围。

【植物搭配】

多色小菊、大菊、多头菊、悬
崖菊、红草、绿草等。

十 景 流 芳

【作品赏析】

该作品以西湖十景为主体,通过立体花坛、植物拼贴画等形式展现西湖十景相关内容。

西湖十景,恍如幕幕光影掩映于杭城一隅。围绕南宋、北宋文化风韵,光影漫步之十景流芳旨在寄情如流时光,通过植物打造出的老式放映机和长达98米的胶卷,打造出放映室场景,缓缓揭开西湖十景的层层面纱,娓娓道来西湖边的文化故事。

该作品选用立体花坛与环境小品相结合的灵活手法,以大菊、小菊及造型菊、盆景菊为主,以孝顺竹、青竹等竹类为辅,以红枫、鸡爪槭等小乔木助兴。其中"雷峰夕照""三潭印月""断桥残雪"三景撷取景点中主要元素,

运用园林手法塑造微缩景观效果；"苏堤春晓""曲苑风荷""平湖秋月""柳浪闻莺""花港观鱼""双峰插云""南屏晚钟"七景则尽数埋入"胶卷"，配以植物与五谷画的呼应，令作品更添自然与灵动。

【植物搭配】

整体造型中使用的菊花材料：多色小菊、大菊、多头菊、球菊、悬崖菊等。

立体造型中使用的植材：佛甲草、红草、绿草、黄色小菊（穴盘苗）、红色小菊（穴盘苗）、粉色小菊（穴盘苗）等。

其他花境中使用的植材：鸡爪槭、红枫、南天竹、孝顺竹、青竹、月季、三角梅、小蜡、胡颓子、肾蕨等。

寻味南宋

【作品赏析】

该作品以"寻味南宋"为主题，通过食店、船宴、酒肆等小品展示南宋京城（杭州）的餐饮盛景。小品展示的建筑、食材、配件等均体现出南宋时期的特色，艺术再现美食荟萃的钱塘古景。

【植物搭配】

多色小菊、盆景菊、塔菊、多头菊、大菊、悬崖菊、球菊、狼尾草、红千层等。

运河新印象

【作品赏析】

该作品以"运河新印象"为主题,运用立体花坛与花境相结合的形式表现运河地标景观,展现运河风采。

【植物搭配】

多色小菊、盆景菊、塔菊、多头菊、大菊、悬崖菊、球菊、狼尾草、红千层等。

泥土的传奇

【作品赏析】

该作品以"泥土的传奇"为主题，将北宋发明家毕昇发明的活字印刷作为主要展示内容，展现华夏文明的辉煌。

【植物搭配】

多色小菊、盆景菊、塔菊、多头菊、大菊、悬崖菊、红草、绿草等。

杭之恋语

【作品赏析】

该作品以"杭之恋语"为主题，伞和扇为主景，通过多种园林布置手法，打造出一个充满古典气息的唯美空间，令人联想到作品中男女主人翁之间美好的爱情故事。让观赏者从恋上杭州之物到恋上杭州之人，从而恋上杭州之城。

【植物搭配】

多色小菊、盆景菊、塔菊、多头菊、大菊、悬崖菊、红草、绿草等。

科技引领生活

【作品赏析】

该作品以"展望未来科技,走进'5E'【Electronic（电子）、Economy（经济）、Environment（环境）、Energy（能源）、Enjoyment（快乐）】时代"为主题,以时间为轴线,通过对比"过去""现在""未来"的生活场景,展现科技的进步,凸显"5E"时代。

【植物搭配】

多色小菊、盆景菊、多头菊、大菊、悬崖菊、塔菊、小麦、蒲苇等。

江海相望 菊影弄潮

【作品赏析】

该作品为菊展主会场小品,以"'卫'爱同行,美丽长三角"为主题,通过立体花坛的形式展现长三角特色景观。

【植物搭配】

多色小菊、多头菊、大菊、大丽菊、红枫、红草、绿草、佛甲草等。

"卫"爱同行 众志成城

【作品赏析】

该作品位于杭州植物园北门入口，以"'卫'爱同行，众志成城"为主题，通过立体花架展现各色小菊，营造热烈的氛围。

【植物搭配】

多色小菊、球菊等。

西湖秋韵

【作品赏析】

该作品位于杭州植物园南门入口，以艺术造型的菊花营造热烈的氛围，吸引游客前来赏菊。

【植物搭配】

多色小菊、盆景菊、多头菊、悬崖菊、塔菊等。

戏菊遗酒

【作品赏析】

该作品以"戏菊遗酒"为主题，以菊花花境勾勒出酒缸、杯盏、肥美的大闸蟹等，展现出一派祥和、收获的场景。

【植物搭配】

多色小菊、盆景菊、多头菊、大菊、吊兰等。

满 庭 芳

【作品赏析】

该作品以"满庭芳"为主题，香囊绿雕古色古香，通过菊花香料、菊花精油营造出芬芳的氛围，使游人在拥有视觉享受的同时，还能够拥有嗅觉的美妙体验，沉浸于芳香之中。

【植物搭配】

多色小菊、盆景菊、多头菊、大菊、金线菖蒲、银叶菊、黄金菊等。

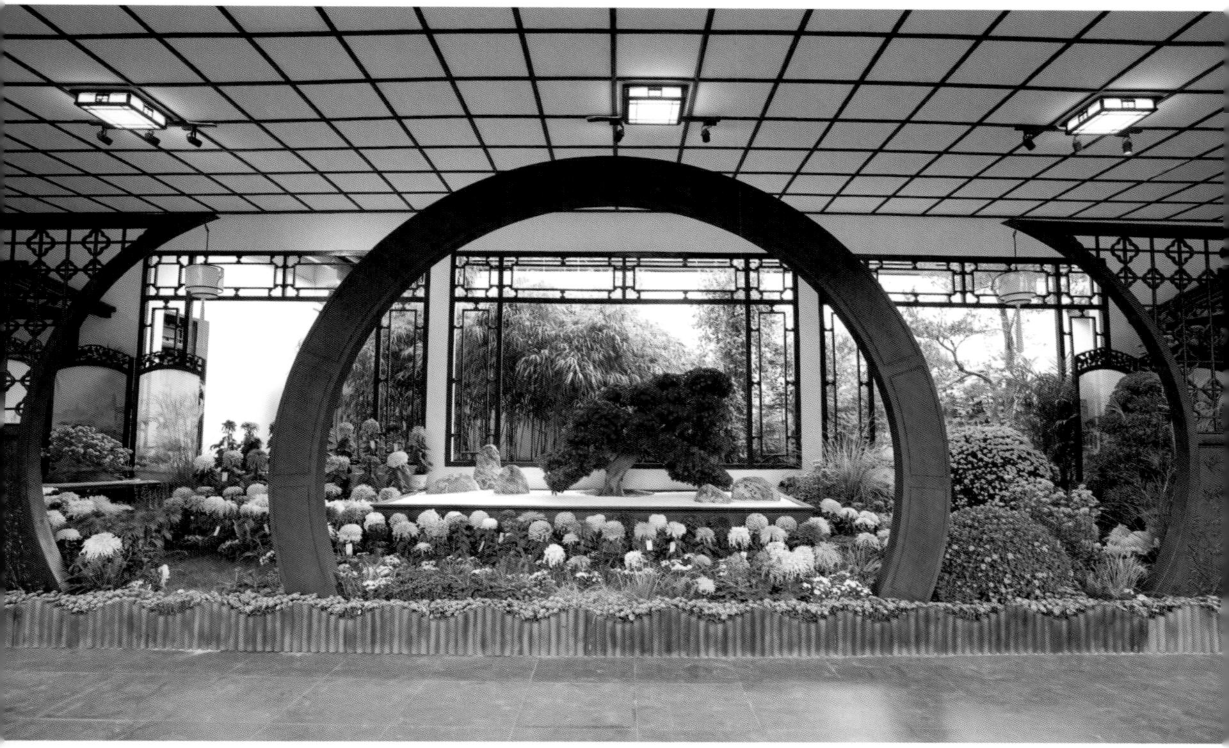

江南秋韵

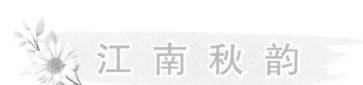

【作品赏析】

该作品以上海城市变化为主题，选用古色古香的木质构架与菊花共同展现上海的城市特色。

【植物搭配】

多色小菊、盆景菊、多头菊、大菊等。

心灵花园

【作品赏析】

该作品以"心灵花园"为主题,从视觉(生命树图案、菊花构架)、听觉(风铃)、味觉(菊花茶)、触觉(菊花触感)、嗅觉(菊香)5个方面,用30多个菊花品种打造出集美观、健康、科普为一体的特色景观,展现出园林人在后疫情时代起到的"守护生命,爱护生命"的积极作用。

【植物搭配】

多色小菊、盆景菊、多头菊、大菊、蓝雪花、姬小菊等。

"卫"爱同行 美丽长三角

【作品赏析】

该作品以"'卫'爱同行，美丽长三角"为主题，以传统绢面扇子为载体，通过运河元素、西湖元素和起伏变化的线条展现出江南城市的肌理，营造出"采菊东篱下，悠然见南山"的江南风情。

【植物搭配】

多色小菊、盆景菊、多头菊、大菊、金线菖蒲、向日葵、黄金菊、鼠尾草等。

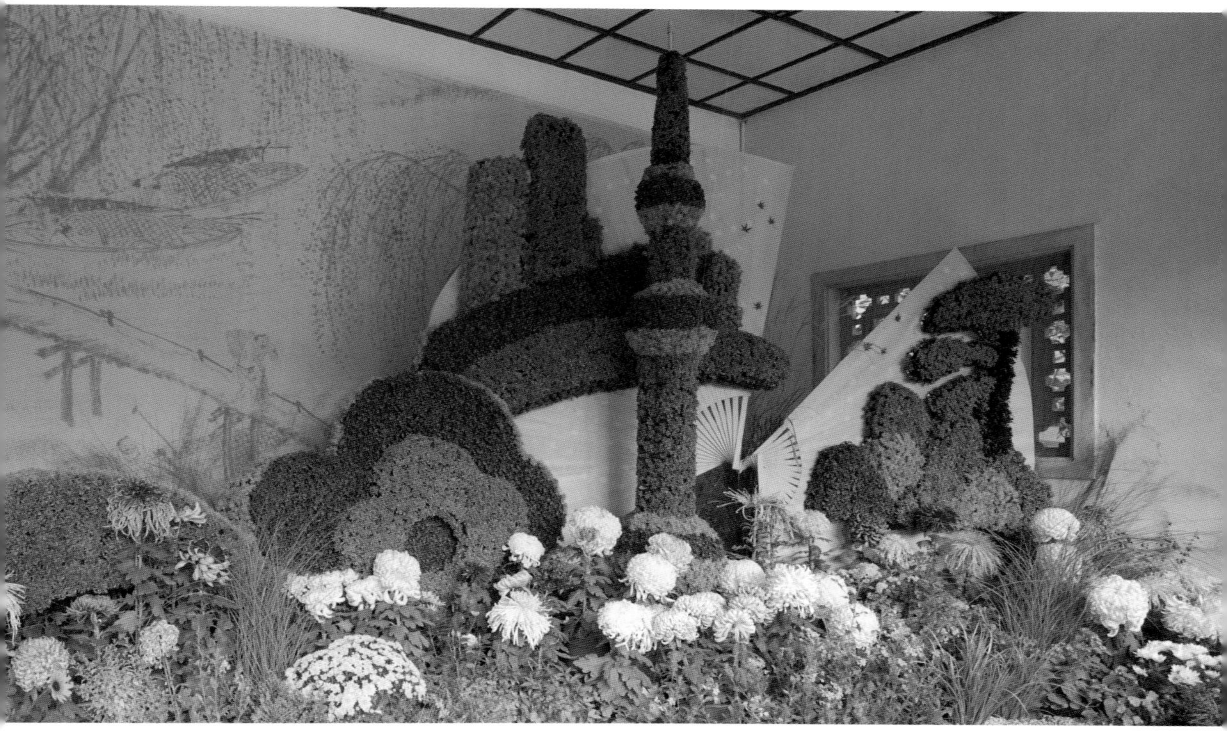

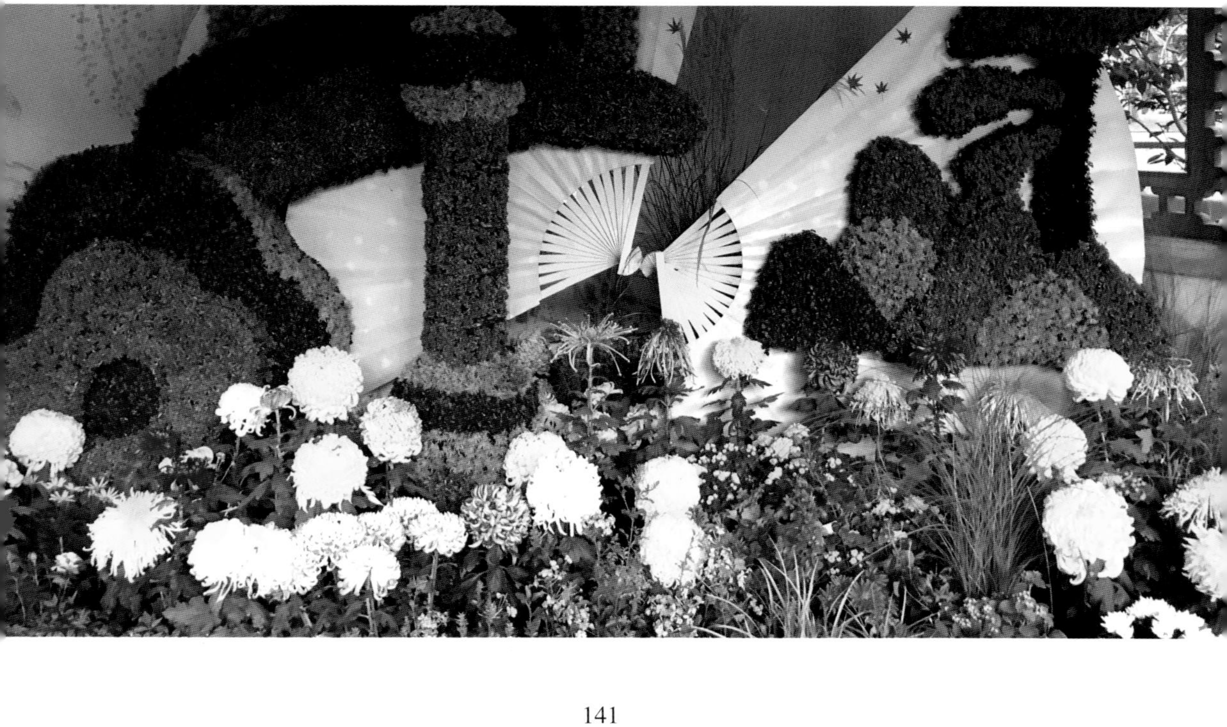

共享共富美丽长三角

【作品赏析】

该作品以"共享共富美丽长三角"为主题,用高低起伏的绿墙和色彩缤纷的花带,模拟群山叠翠、波光粼粼的山水画卷,讲述长三角地区奋力打造高质量发展示范区的故事。

【植物搭配】

多色小菊、盆景菊、多头菊、大菊、大丽菊、红枫、红草、绿草等。

水墨西湖

【作品赏析】

该作品以"水墨西湖"为主题，以西湖山水为元素，将风景融入薄纱，风一起，随风摇曳，灵动飘逸。将连绵起伏的山体造型融入花架结构，搭配菊花花境，形成三面环山之势。西湖的山，犹如宣纸上晕开的水墨，只淡淡的一痕；西湖的水，三分灵动，七分悠然；西湖的秋天，有花木为伴，琴台几架错落有致，静候佳人到来。

【植物搭配】

多色小菊、盆景菊、案头菊、大菊、多头菊、姬小菊、乒乓菊、翠菊、黄金香柳、大麻叶泽兰、球兰、肾蕨、金线菖蒲、苔藓等。

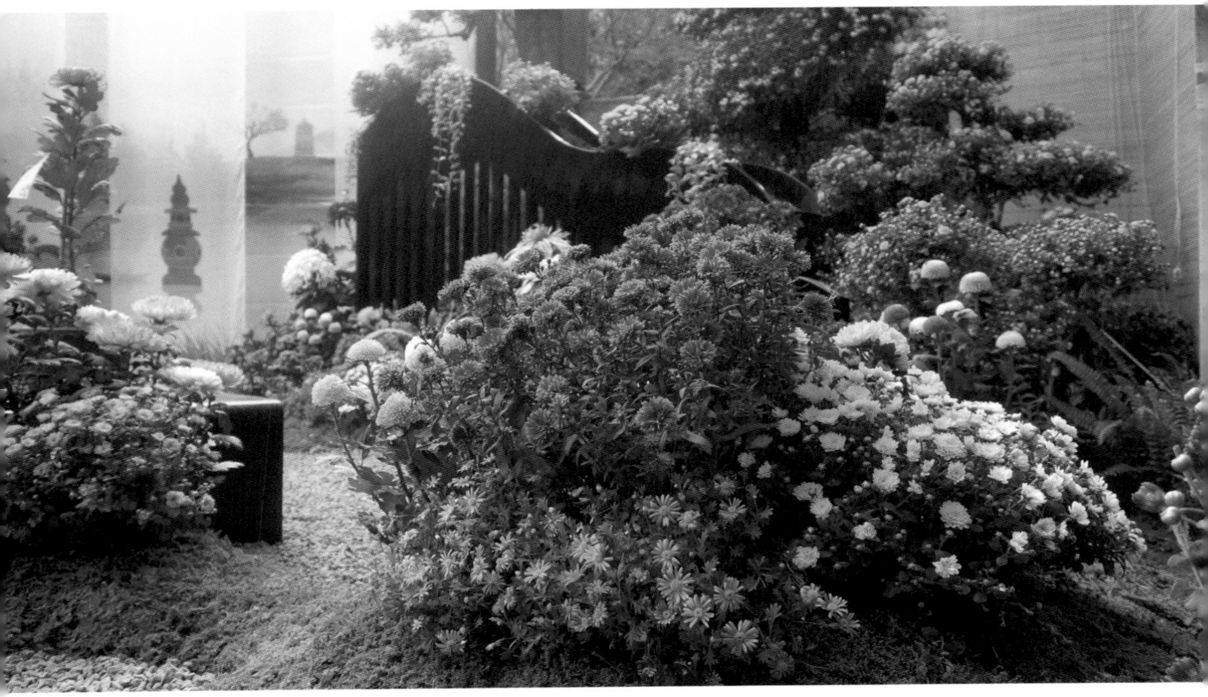

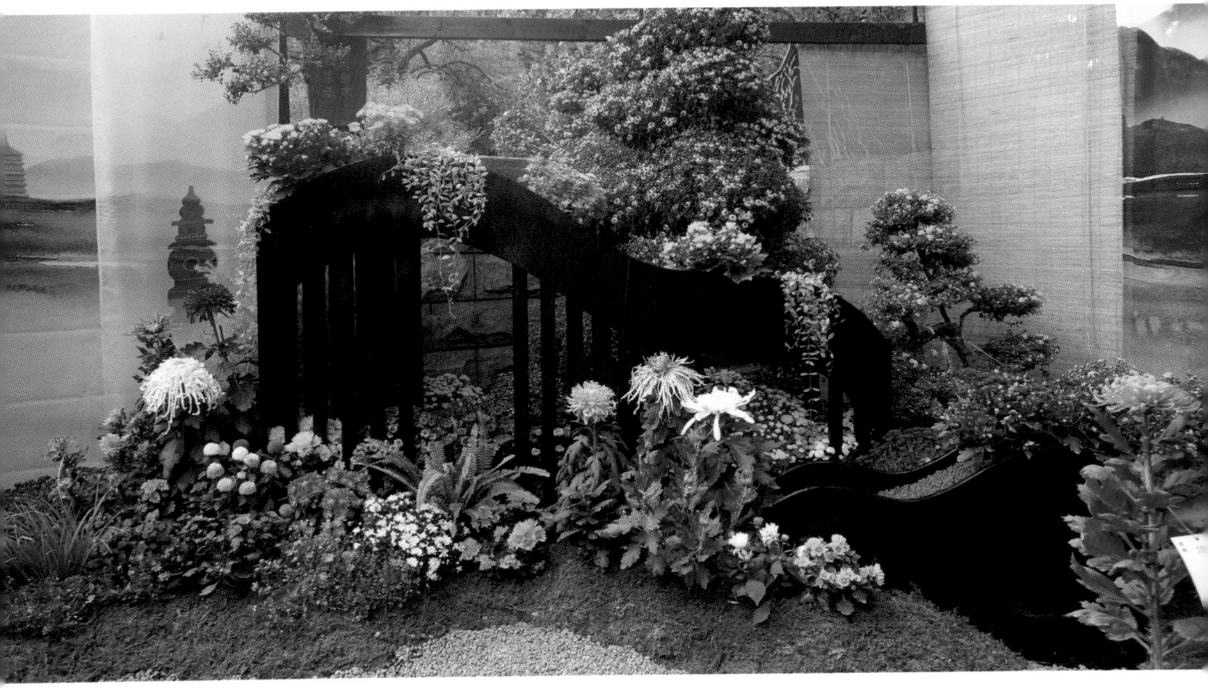

海上菊韵浓，筑梦新时代

【作品赏析】

该作品以"海上菊韵浓，筑梦新时代"为主题，讲述上海从旧时代到改革开放再到奋进新时代的变化。采用竹艺结构、老照片等元素再现老上海场景，框景元素象征窗口，展现上海的城市精神。

【植物搭配】

多色小菊、盆景菊、球菊、大菊、树菊等。

实践两山理论，创建美丽大花园

【作品赏析】

该作品以"实践两山理论，创建美丽大花园"为主题，通过山体造型与菊花相结合的形式展现人们安居乐业、生活祥和的画面。

【植物搭配】

多色小菊、盆景菊、球菊、悬崖菊、大菊、树菊等。

江 南 情

【作品赏析】

该作品以"江南情"为主题，展现粉墙黛瓦，小桥流水，一户户枕河人家的江南情意。

【植物搭配】

多色小菊、盆景菊、大菊、多头菊、木贼、旱伞草、南天竹、五针松等。

畅游"双西"，共享繁华

【作品赏析】

该作品以"畅游'双西'（西湖、西溪），共享繁华"为主题，将"双西"的发展比作一艘行驶的画舫，从西湖到西溪，展现南宋菊韵的繁华盛景。西湖与西溪区域相依，水系相通，文脉相连，相得益彰。"双西"之美，始于颜值，终于气质。这两位中国山水中耀眼的"姐妹双姝"，漂过悠悠历史长河，邂逅了吴越文化、南宋文化……如今，"双西"景区建设正如精致的画舫行驶在湖面。

"创新"是桨，"协调"是舵，"绿色"是壳，"共享"是锚，桨之于船是动力，舵之于船是平衡，壳之于船是外观，锚之于船是归宿。只有这四种元素相互配合，才能保证景区建设激流勇进，勇往直前！

这艘象征"双西"发展的画舫从西溪湿地桥洞驶出，开往西湖的三潭印月，体现了"双西"一体化进程的快速发展，为游客展示了"双西"的标志性景观。

【植物搭配】

整体作品中使用的菊花材料：多色小菊、盆景菊、大菊、多头菊、球菊、悬崖菊、乒乓菊等。

其他花境中使用的植材：鸡爪槭、粉黛乱子草、大麻叶泽兰、狐尾天门冬、佛甲草、苔藓等。

乡　愁

【作品赏析】

　　该作品以"乡愁"为主题，从水稻田野、乡村院子、江南水乡三方面展现江南乡村生活场景。

【植物搭配】

多色小菊、盆景菊、大菊、多头菊、肾蕨、佛甲草等。

155

中国·杭州

城乡一体化

【作品赏析】

该作品以"城乡一体化"为主题，通过展现不同的信息沟通方式体现时代的变迁，迎接城乡融合的美好生活。

【植物搭配】

多色小菊、盆景菊、大菊、多头菊、荷花、鼠尾草等。

美丽乡村

【作品赏析】

该作品以"美丽乡村"为主题，打造庭院晒秋、田园丰收等场景，展现农耕文化与传统文化要素。

【植物搭配】

多色小菊、盆景菊、大菊、多头菊、波士顿蕨、狼尾草、向日葵等。

共同富裕看"浙"里

【作品赏析】

该作品以"共同富裕看'浙'里"为主题，从生活、创新、绿色、文化、富裕五方面，展现浙江风采。

【植物搭配】

多色小菊、盆景菊、大菊、多头菊、黄金香柳、五针松等。

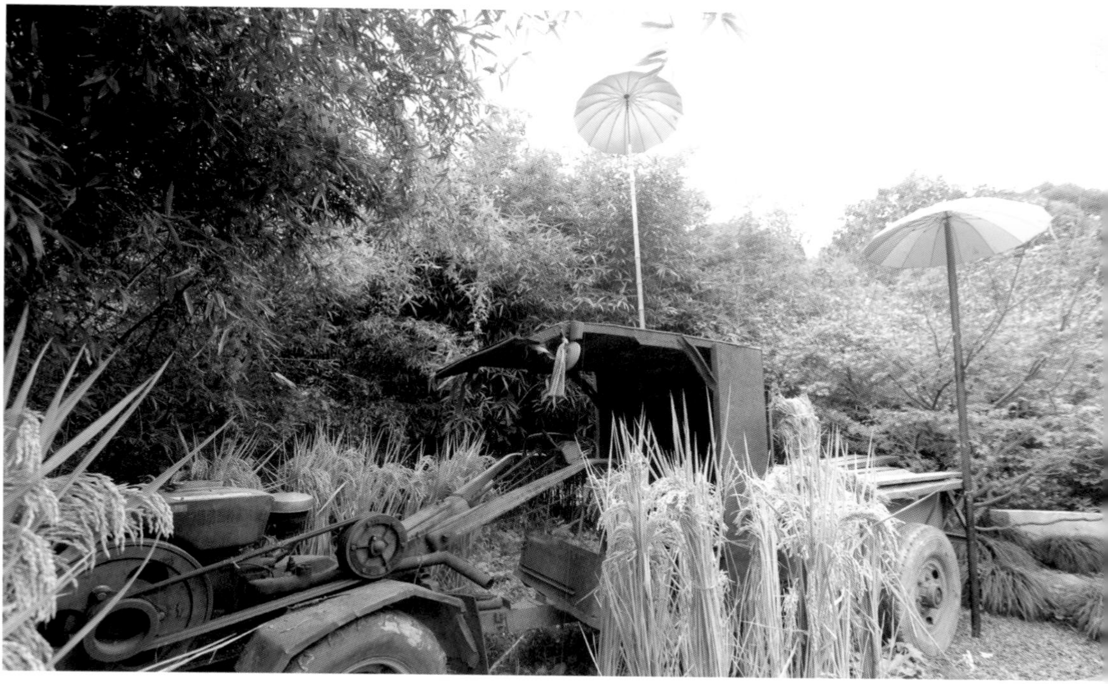

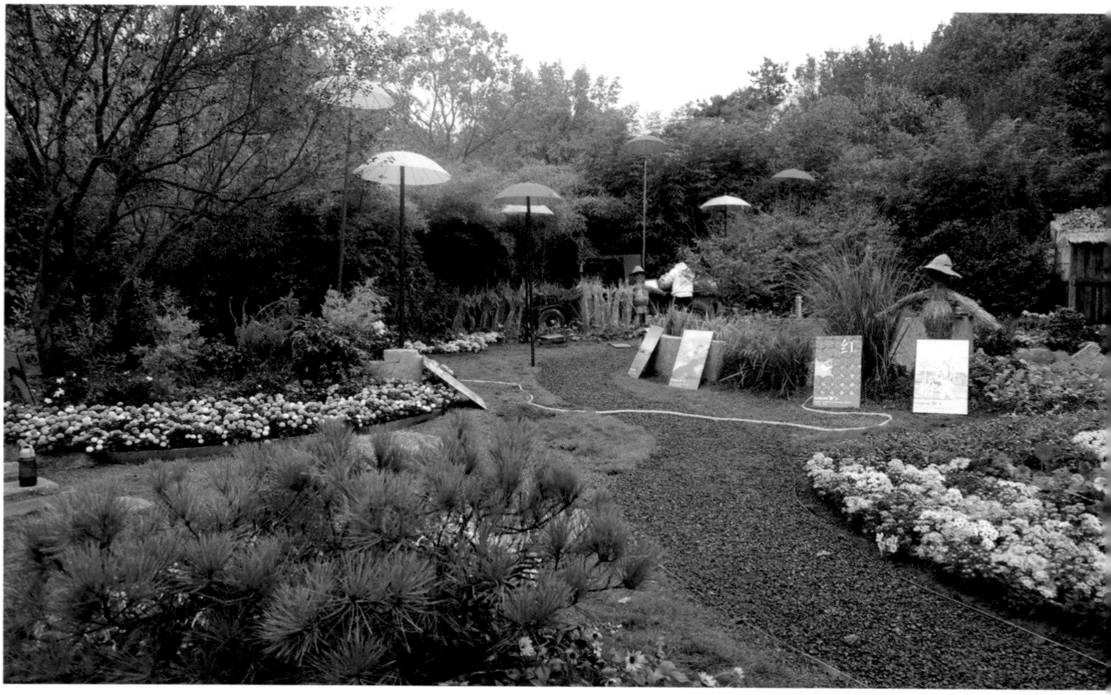

![2022年杭州第八届菊花艺术展的宋韵金秋景观]

宋 韵 金 秋

【作品赏析】

该作品以"宋韵金秋"为主题，采用立体绿化的形式展现古扇、如意等造型，营造热烈的氛围。

【植物搭配】

多色小菊、盆景菊、大菊、多头菊、悬崖菊、红草、绿草、狐尾天门冬、红枫等。

163

千里江山，瑞鹤呈祥

【作品赏析】

该作品以"千里江山，瑞鹤呈祥"为主题，通过千里江山图与仙鹤造型展现宋韵风采。

164

【植物搭配】

多色小菊、盆景菊、大菊、多头菊、塔菊、红草、绿草等。

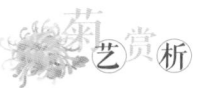

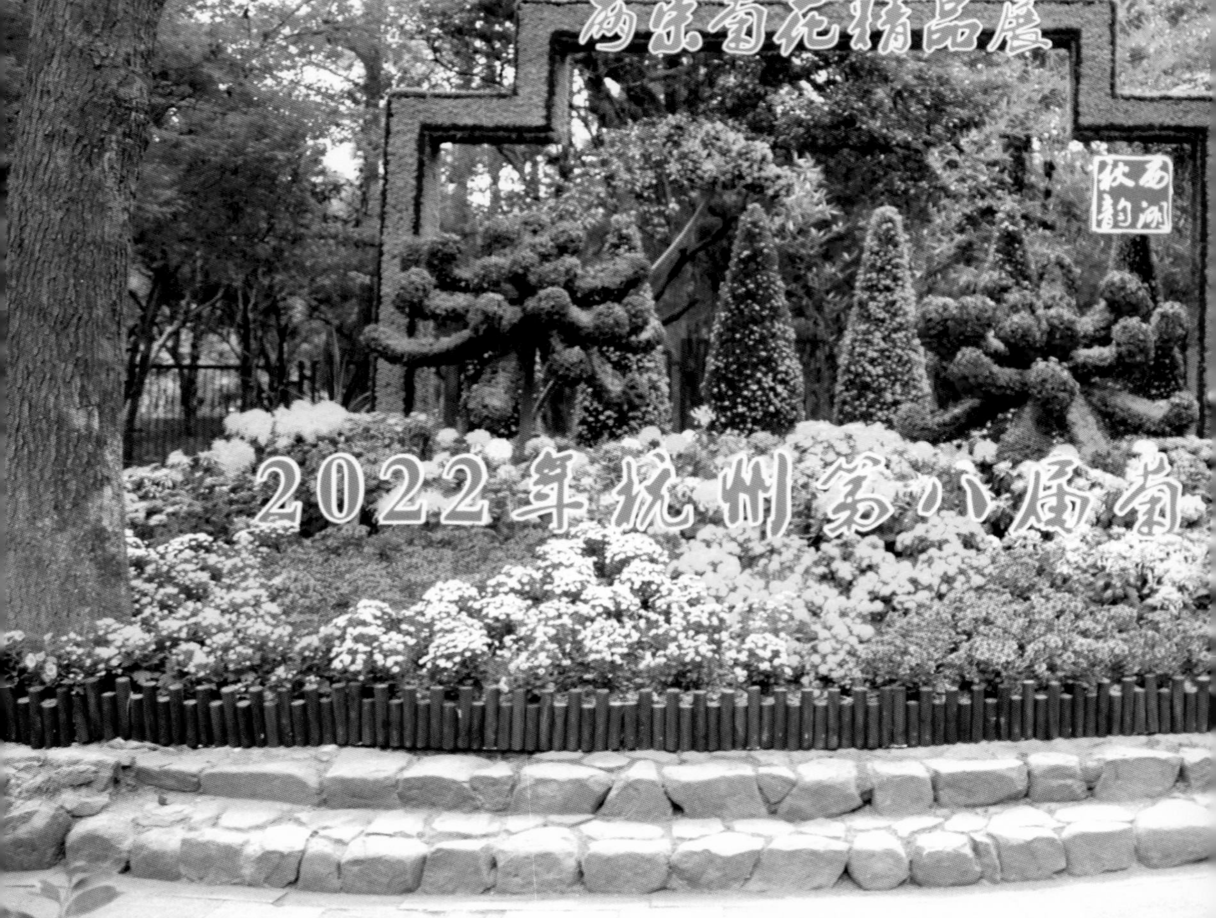
两宋菊花精品展
西湖秋韵
2022年杭州第八届菊

 花开杭城，宋韵菊香

【作品赏析】

该作品以"花开杭城，宋韵菊香"为主题，通过菊花与画框造型展现宋韵元素。

【植物搭配】

多色小菊、多头菊、塔菊、红草、绿草、佛甲草等。

宋雅余韵

【作品赏析】

该作品以"宋雅余韵"为主题，通过古色古香的宋式建筑造型与水系造景元素展现宋韵风采。

【植物搭配】

多色小菊、多头菊、盆景菊、悬崖菊、佛甲草等。

钱塘自古繁华

開封府

运通南北

【作品赏析】

该作品以"运通南北"为主题，通过立体绿化宝塔、开封府、河流造型等展现两宋文化元素。

【植物搭配】

多色小菊、多头菊、盆景菊、大菊、佛甲草等。

寻 宋 记

【作品赏析】

该作品以"寻宋记"为主题,将《清明上河图》《梦粱录》立体绿化卷轴,以及祥云、纹样等传统意象元素,与高铁造型相结合,使古今元素交相辉映。

【植物搭配】

多色小菊、多头菊、盆景菊、大菊、佛甲草、空气凤梨等。

菊花新·词韵画香

【作品赏析】

该作品以"菊花新·词韵画香"为主题，将诗词与铁艺构架造型相结合，展现宋韵文化元素。

【植物搭配】

多色小菊、多头菊、盆景菊、大菊、佛甲草、鸟巢蕨、苔藓等。

蝶恋花·庭院深深深几许

【作品赏析】

该作品以"蝶恋花·庭院深深深几许"为主题，通过古典月洞门造型与江南景墙等元素展现宋韵文化。

【植物搭配】

多色小菊、多头菊、盆景菊、大菊、悬崖菊等。

秋韵菊香·对月当歌

【作品赏析】

该作品以"秋韵菊香·对月当歌"为主题，通过用植物打造的宋式瓶器等造型展现宋韵文化。

【植物搭配】

多色小菊、多头菊、盆景菊、大菊、红草、绿草、空气凤梨等。

宋韵印记

【作品赏析】

该作品以"宋韵印记"为主题，通过用植物打造的宋式服饰等造型展现宋韵文化。

【植物搭配】

多色小菊、多头菊、盆景菊、大菊、红草、绿草等。

青玉探菊

【作品赏析】

该作品以"青玉探菊"为主题，将宋代绘画作品融入植物打造的青瓷等造型中，共同展现宋韵文化。

【植物搭配】

多色小菊、多头菊、盆景菊、大菊、红草、绿草等。

宋韵满园·菊艺流香

【作品赏析】

该作品以"宋韵满园·菊艺流香"为主题,通过博古架、游船、铁艺山体、菊花亭等造型展现宋韵元素。

【植物搭配】

多色小菊、多头菊、盆景菊、大菊、球菊等。

华彩乐章——秋日变奏曲

【作品赏析】

秋季是成熟的季节，也是收获的季节。那一个挨着一个挂满枝头金黄的、火红的果实，向世人昭示着丰富与圆满。这是大自然的馈赠，也是万物的累积，从春的萌芽生长，到夏的凝结积累，才有了这秋的收获、秋的丰盛。如同一首从春天开始谱写的乐曲，经历过夏天的吟唱，在金色的秋日奏出华彩篇章。

从 1949 年到 2023 年，74 年的风雨无阻、蓬勃发展是中国人民谱写的一曲华丽篇章。从新中国成立到改革开放再到生态文明建设，我们从《东方红》唱到《绿水青山就是金山银山》。朗朗上口的旋律，奏响在每个人的心间，既是对祖国发展的赞叹，也是对美好未来的向往。

小品以此为出发点，采用大提琴、五线谱、国宝熊猫及绿叶相组合的形式，将祝福之意融进作品里。

【植物搭配】

小菊、多头菊、大立菊、红草、绿草、月季、八仙花、萼距花、蓝雪花、西洋杜鹃、金线菖蒲等。

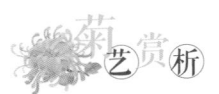

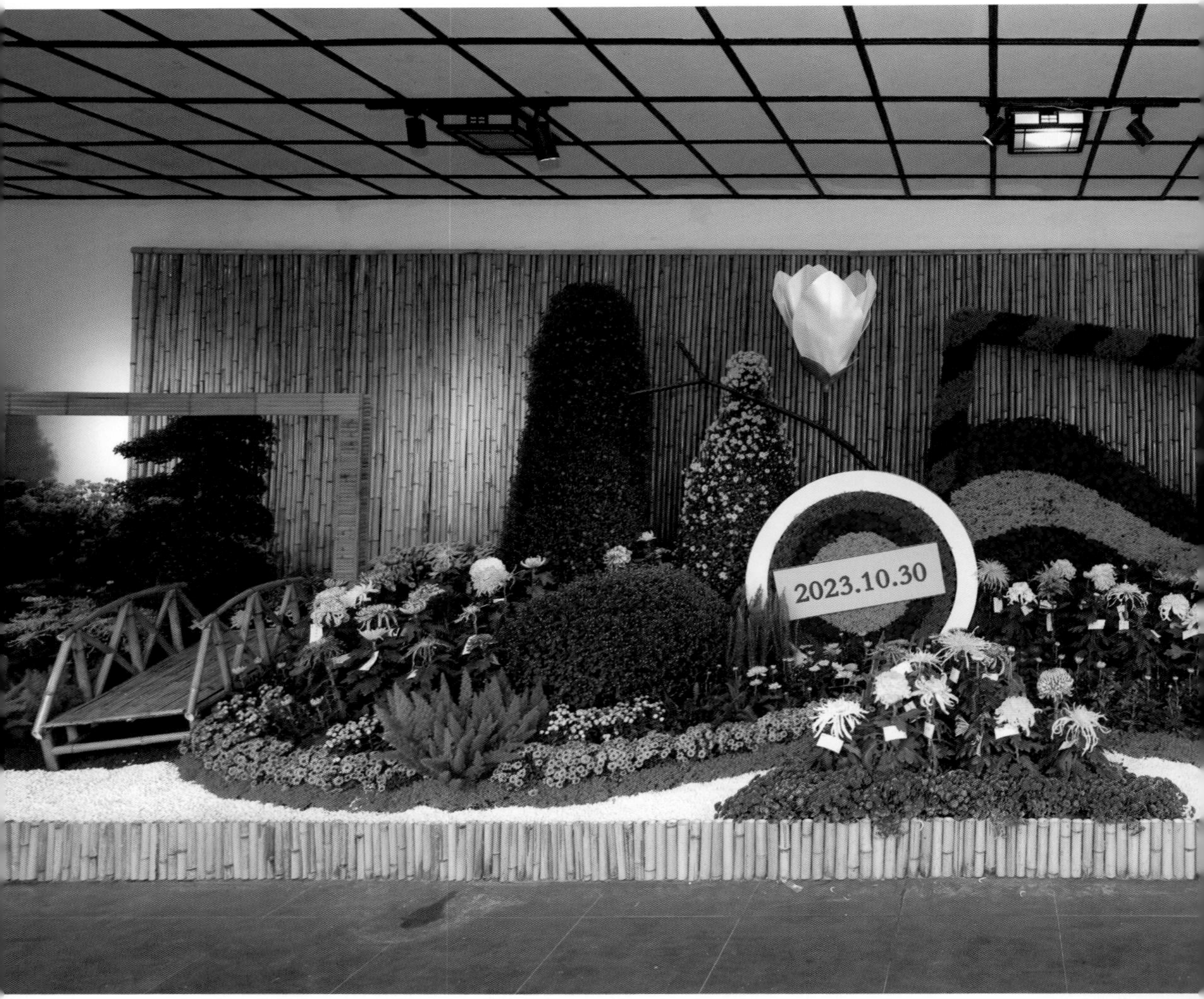

海上邮局

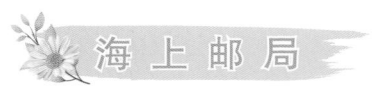

【作品赏析】

本作品以上海城市建筑东方明珠、上海市市花白玉兰，以及信封、邮戳等造型构成主景观，以立体绿雕形式表现。主景两边以镂空的竹造型，配以上

海的邮编和夜景图片寓意来自上海的明信片。整个作品植材运用各种造型菊、品种菊、小菊，展示出浓厚的上海特色，并通过信件的形式体现出来自上海的祝福。

【植物搭配】

小菊、多头菊、独本菊、造型菊、狐尾天门冬、中华景天、佛甲草、红草、绿草等。

在西站很精彩

【作品赏析】

　　本作品以杭州西站"云之城"的设计理念为切入点，以"云门"为背景，以飞驰如箭的高铁列车和似长虹横贯的"云谷"为主要元素，辅以波涛汹涌的钱江潮水，与杭州创新创业、激流勇进的城市形象相辅相成。菊花的色彩绚烂、热情四射和交投西站未来城市活力街区遥相呼应。作品将"站城融合、城景相融"的理念汇入整体景观布置中,花丛中生长出西站超高层建筑"金钥匙"与"金手指"作为诠释杭州城西创新创业和人文艺术的新地标,俏皮灵动的西站吉祥物"云宝"更展现出可爱亲民的品牌形象。

【植物搭配】

　　小菊、多头菊、多肉植物、空气凤梨、红草、绿草、大丽花、金鱼草、翠菊、羽衣甘蓝、黑心菊等。

只此青绿

【作品赏析】

本作品灵感源于《千里江山图》，通过对江南地区青山绿水的描绘，展现人与自然和谐共生、共享祖国盛世繁华的美好画卷。

整幅画卷采用植物制作，以三潭印月、拱宸桥、玉琮等经典景观的立体刻画，展现杭州三处世界文化遗产的风采和地域特色。一轮红日高高悬挂，绿雕菊花绚丽绽放，以菊花为媒，表达对祖国蒸蒸日上、人民共享繁华的美好祝愿。

【植物搭配】

小菊、多头菊、独本菊、悬崖菊、造型菊、红草、绿草、佛甲草、黄金香柳、三角梅、北美冬青、蓝雪花等。

192

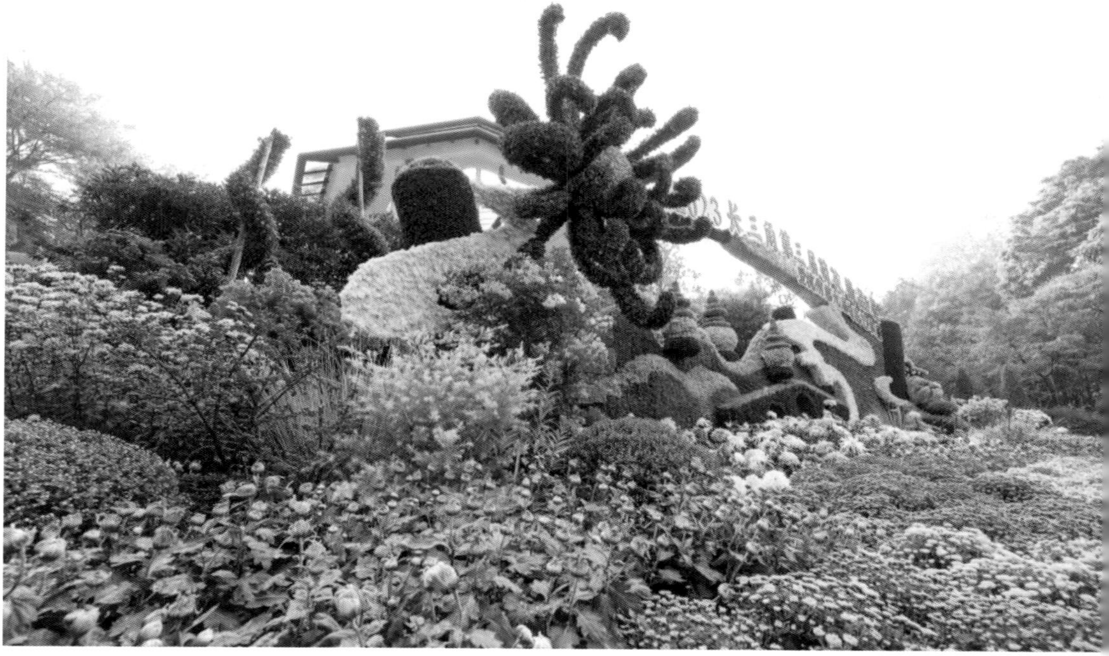

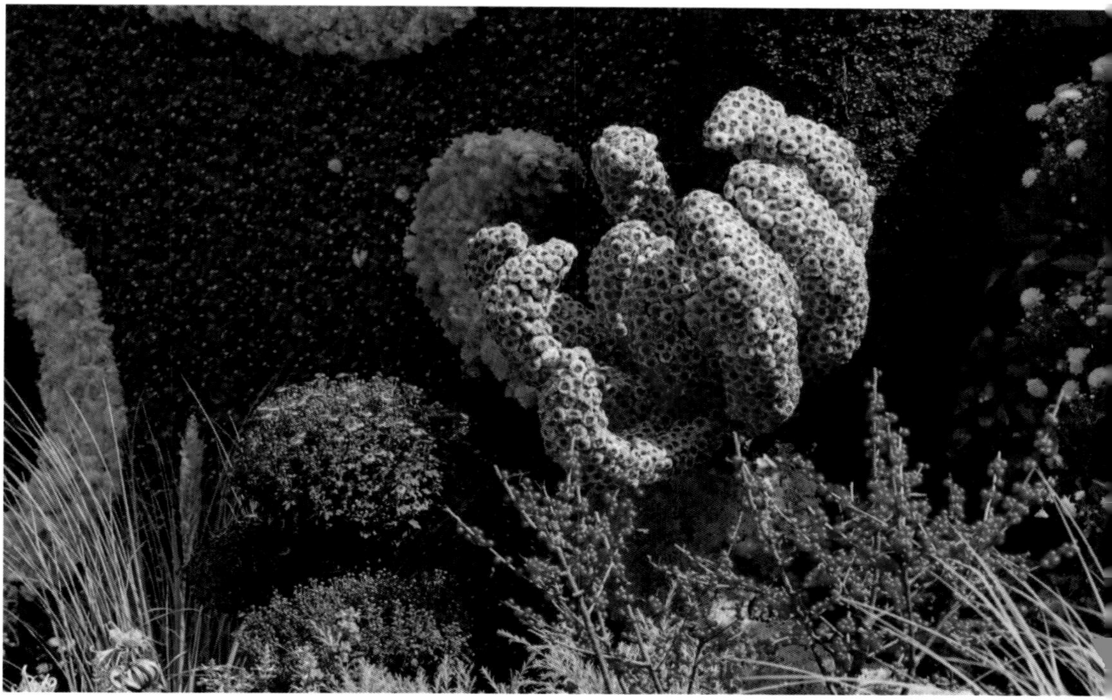

 诗画三江之遇见梅蓉

【作品赏析】

一船入三江（钱塘江、富春江、新安江），满载诗与画。本作品以"诗路三江·共富两岸"为背景，选取了三江两岸共富样板区最具代表的桐庐梅蓉村为主题，体现了新时代保护、传承、创新的发展思路，以及保护传统村落和共富新农村的建设理念。

其间以体现近代爱国精神的林则徐、代表二十世纪五六十年代开荒修渠梅蓉精神的劳动者像、代表当今"农文旅"融合的艺术画板，串联起时代的变迁，突出杭州人民勤劳致富的特点。以新时代文旅产业带动农村共富，展现一幅新时代《富春山居图》的美好画面。

【植物搭配】

小菊、多头菊、独本菊、造型菊、悬崖菊、红草、绿草、佛甲草、金线菖蒲等。

秋 华 苑

【作品赏析】

采菊未必东篱院，

悠然何须南山现。

一挽秋华香满涧，

不羡陶潜不羡仙。

提到菊花，大家不免会想到《饮酒》中的名句"采菊东篱下，悠然见南

山"，想到陶渊明离世隐居的隐逸生活。时过境迁，对此句意境的延伸理解可以更加多元化，也更贴近大众生活。

得益于生态文明建设的成果，我们拥有了宜居环境，拥有了绿色的生态环境。如今不需要离世隐居，而是在日常生活中，在城市周边甚至城市内部，就能拥有怡然自得、亲近自然的机会。

本次设计题名"秋华苑"，以篱为山，以石描水，以花为林，寓意绿水青山的自然环境；以绚丽缤纷的菊花和造型各异的场景布置，展现繁华的当代居民生活，表达了与自然和谐共生、互为助益的美好愿景。

【植物搭配】

小菊、多头菊、造型菊、悬崖菊、三角梅、裂叶喜林芋、狐尾天门冬等。

菊香茶韵

【作品赏析】

本作品取名"菊香茶韵"。茶叶是大自然的绿色产物，和着山泉，散发出青山绿水的魅力。而自然的色与味融合茶文化，能让人在品茶过程中参悟人生。同时，茶文化也是宋韵文化的经典代表，因此，本作品以各类茶器为主构架，结合各类穴盘植物将祖国的青山秀水，以及文人墨客的情感表陈出来，将宋韵文化和爱国之情相融合。

正厅立面墙体为杭州钱塘江古代线描画，将山水通过古画来展示。悬空菊花茶壶中茶水倾泻而下，落于裂纹茶杯中，流淌到地面的菊花花泉中，与之呼应的是悬空茶碗中的山水宋茶，和缭绕的"热气"相映成趣。

【植物搭配】

小菊、多头菊、独本菊、造型菊、红草、绿草、佛甲草、芙蓉菊、金线菖蒲等。

采菊东篱

【作品赏析】

本作品通过西湖山水壁画，引导人们思考画卷中古人赏菊之风韵。古今同构用元宇宙思维打开立体卷轴，在缤纷灵动的空间里，用园艺手法结合数字技术，打造立体的《采菊东篱图》，令人仿佛穿越到古汴京城一般，赏金菊抱枝之节，体菊月雅事，品菊茶菊香，鉴菊画……在雅致清新的氛围中感受菊文化与现代生活深度融合，引领文化潮流。

【植物搭配】

小菊、多头菊、造型菊、悬崖菊、盆景菊、蛇鞭菊、黄金菊、翠菊、苔藓等。

栖居繁华里

【作品赏析】

在"一弯新月"之下，无限"光辉"映于绿水青山间。近处宜居院落、小桥流水人家，四周环绕缤纷菊花，一派闲适的秋意场景。远处山间"民居"与之遥相呼应，展现一派菊溢流霞的绚烂画卷。

在长三角这片热土上，斗转星移，城市面貌日新月异，无数个日月轮换之间，这里的人们始终坚持着对绿水青山的守护。生活在这里的人们，既是这繁华生活的创造者，也是这良辰美景的受益者，更是这绿水青山、共享繁华的践行者。

【植物搭配】

小菊、多头菊、造型菊、大立菊、黑心菊、乒乓球菊、大丽花、小竹、针叶茅、肾蕨、翠菊等。

高山流水

【作品赏析】

本作品取名为"高山流水"。这是民乐的一首曲子，源于生活和自然，表现出高山雄浑、深沉、高沽的神韵，展现了潺潺流水和巍巍高山相映成趣的意境。流水在大自然中变化万千，有小溪流水潺潺，有大江东去磅礴，有瀑布倾泻奔腾，还有几个清澈通明的泛音，令人想起了山泉叮咚水花轻溅的景象。

作品中江南丝竹与苔藓景观的碰撞，打造出古典而不失现代韵味的小景。古人通过乐曲来抒发对青山秀水的热爱、对世间万物的感恩、对美好生活的向往。本作品借古寓今，表达了对祖国的感激之情，祝愿祖国未来更加强大、更加美好。

【植物搭配】

小菊、多头菊、悬崖菊、盆景菊、红草、绿草、佛甲草、金边吊兰、金线菖蒲、肾蕨等。

钱江潮·新城韵

【作品赏析】

潮，生生不息；城，代代向前。钱塘江不仅赋予城市以名称，更孕育出这片土地最独特、最鲜明的精神气质与文化底蕴。钱江新城二期位于杭州市上城区钱江新城区域以东，旨在打造世界一流的现代化国际大都市滨水潮岸，成为人们心之向往的城市新地标。本次菊花展花境充分提炼了新城"潮文化"的内涵，通过绿雕植物背景墙的形式将一幅朝气蓬勃、欣欣向荣的新城美好蓝图描绘于眼前。在此花境前，不仅能感受到钱江潮亘古不息的脉动与杭州市委市政府"拥江发展"的战略决策，更能感怀每一位新城建设者勇立潮头的拼搏力量。

【植物搭配】

小菊、多头菊、独本菊、红草、绿草、佛甲草、金线菖蒲、肾蕨等。

西湖菊韵

【作品赏析】

作品中前景"西湖水浪"带状构架，造型飘逸柔美，上缀极富艺术化的"长三角菊花精品展"字样；中景"水波"灵动的曲线仿佛随风舞动，搭配大型立体菊花造型，流光溢彩，秋浓菊香，点明主题。作品寓意清秋菊韵，广邀天下人，共赏繁华景。

【植物搭配】

　　小菊、多头菊、悬崖菊、红草、绿草、佛甲草、粉黛乱子草、鼠尾草、狐尾天门冬、金线菖蒲、肾蕨等。

菊花花境、花带

　　《中国大百科全书》指出：花境是在园林中由规则式的构图向自然式构图过渡的中间形式，其平面轮廓与带状花坛相似，种植床的两边是平行的直线或是有几何轨迹可寻的曲线，主要表现植物的自然美和群体美。在国内传统花卉学中，花境是指模拟自然界林缘地带各种野生花卉交错生长的状态，以宿根花卉、花灌木为主，经过艺术提炼而设计成宽窄不一的曲线形或直线形的自然式花带，表现花卉自然散布生长的景观。

　　以菊花为主要花卉材料的花境、花带，应用不同花色、株型的菊花搭配一些木本、草本花卉，设计出自然式的花卉群落景观，展现出不同菊花组合配置的美景。

1. 花境

"西湖秋韵"——2011 年中国杭州第二届菊花艺术节。

2. 花带

2011 年菊展地栽菊花花带。

2012 年菊展地栽菊花花带。

2014 年菊展地栽菊花花带。

其他菊展地栽菊花花带。

参考文献

[1] 陈俊愉. 中国菊花过去和今后对世界的贡献[J]. 中国园林，2005（9）：73–75.

[2] 韩宇. 中国菊文化与菊花产业[J]. 现代园艺，2015（6）：25–26.

[3] 朱坚平，唐小敏. 杭州菊花栽培史[M]. 北京：中国林业出版社，2008.

[4] 戴思兰，陈俊愉，李文彬. 菊花起源的RAPD分析[J]. 植物学报，1998，40（11）：1053–1059.

[5] 吉庆萍. 有关中国菊花起源的实验与探讨[D]. 北京：北京林业大学，1987.

[6] 谭远军，高瞻，陈丽丽. 菊花的起源与品种形成研究[J]. 安徽农学通报，2012，18（21）：92–93.

[7] 张鹏飞. 论中国菊花文化传统情结的审美趣味[J]. 北方园艺，2009（1）：137–140.

[8] 毛静，王彩云. 中国传统美学思想与菊花文化[J]. 中国园林，2005（9）：58–60.

[9] 庞学英. 浅论宋代菊花的种类与分布[J]. 文学教育（上），2018（10）：142–144.

[10] 张明姝. 中国古代菊花谱录研究[M]. 北京：北京林业大学，2003.

[11] 肖克之.《菊谱》版本说[J]. 农业考古，2001：279–280.

[12] 秦忠文. 中国传统菊花栽培起源与花文化[D]. 武汉：华中农业大学，2006.

[13] 张荣东. 中国古代菊花文化研究[D]. 南京：南京师范大学，2008.

[14] 胡安莲. "采菊东篱下，悠然见南山"的文化意蕴剖析[J]. 信阳师范学院学报，2003（23）：101–103.

[15] 毛静，杨彦伶，王彩云. 菊花的多元文化象征意义探讨[J]. 北京林业大学学报（社会科学版），2006（3）：23–25.

[16] 张荣东. 论菊花的重阳节文化内涵[J]. 阅江学刊，2012（1）：131–136.

[17] 毛静. 中国传统菊文化研究[D].武汉：华中农业大学，2006.

[18]刘蕤，杨际双. 菊属11个野生种和12个栽培品种遗传关系的ISSR分析[J].基因组学与应用生物学，2009，28（5）：874-882.

[19]孙欢，朱世桂，殷志华. 菊文化认识的古今变迁[J]. 现代园艺，2016（9）：102-106.